撒下科技創新的種子

科技，是推動世界演進的重要力量。

從工業革命開始，科技翻天覆地的改變了人類的生活，科技對世界的影響程度之深、速度之快，遠非其他事物所能及。科技延伸我們的感官，讓我們不用實際接觸，也能溝通、體驗，宛如親臨；科技讓人類活得更久、更健康，讓癱瘓的人再次行走，讓盲者重見光明；我們也運用科技，將大自然的恩賜轉成乾淨的能源，修復環境的傷害，褪去汙染，讓青山常在、綠水長流。

而孩子，則是用科技造就未來的人。

我們現有的物質生活，是前幾代人科技研發的成果；下一代人的世界，則要靠我們這一代來打造。每個大人，都曾經是小孩；每個小孩，都有改變世界的潛能與力量。我們可以說，孩子決定了未來世界的樣貌，而我們想要什麼樣的未來，就要怎麼培育孩子！

近年來，溫室效應導致極端氣候頻繁，旱澇交替出現，造成生命財產的重大損失。有鑑於此，全球已有超過一百三十個國家，宣示於2050年達成「淨零碳排」。根據國際能源署（IEA）發布的2050淨零政策，淨零碳排將分兩階段進行，第一階段是從現在到2030年，使用現有的技術積極布建減碳，朝再生能源、電氣化、需求與行為改變、碳捕捉、利用與封存等方向著手；第二階段是從2030至2050年，必須使用現在尚未出現、或現階段仍是雛形的創新

技術與國際合作，這是創新科技很好的機會。

　　淨零碳排是攸關人類未來的議題，我們不可能用現在的科技，解決三十年後的問題。三十年，能讓幼苗長成大樹；也能讓襁褓嬰兒，成為對世界做出貢獻的青年。我們從事科技研發，就是站在前人的肩膀上創新，因此我們發現問題，克服挑戰，也要一棒接一棒，才能持續推進世界，創造更智慧的生活、更健康的生命，以及更永續的環境。

　　很高興見到《幼獅少年》〈勇闖實驗室〉專欄集結出版，不只因為這本書介紹的都是工研院的實驗室，更重要的是，這本書把工研院從事的科技研發，轉譯為適合孩子閱讀的知識，傳承給我們的下一代，讓他們知科技、懂創新。這本書的發行，就像撒下一把科技創新的種子，啟發孩子對未來世界的想像與創造。

工研院副總經理暨行銷傳播處處長 林佳蓉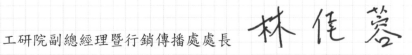

目錄

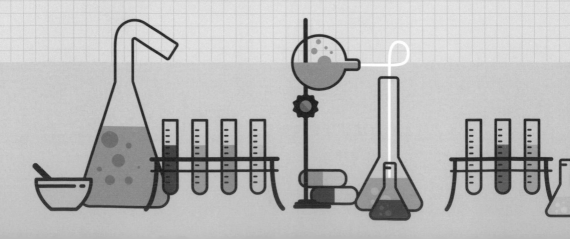

登場人物

愛智國小六年級生，好奇心旺盛，對生活中很多奇怪事物都有研究，但超級討厭讀書。和小岩、小苑同班。

愛智國小六年級生，興趣是閱讀科學書籍，未來想當科學家。雖然習慣面無表情，但內心常被這兩個同班男同學弄得好氣又好笑。

愛智國小六年級生，喜歡嘗試新科技，原因是他有一點點點點懶惰……喔，也有一點介意自己微胖。

好奇心大王
小功

科技小達人
小岩

科學百事通
小苑

外表和一般上班族沒兩樣，生活作息也很正常，只是偶爾會比較晚回家，而且有時會突然說出一堆大家聽不懂的專有名詞，直到每個人嘴巴開開呆望著他，他才會像突然被電到一樣，改說大家聽得懂的話。

小岩家隔壁的
神祕鄰居
阿光

實驗室人員

神祕鄰居的真實身分

今天吃壞肚子跑廁所，害我好餓喔！而且學校馬桶都沖不乾淨……

就跟你說不要吃那麼多東西，你就是不聽！這個給你吃！

有機蘋果

吃有機蘋果，體重就不會變重！

對了，你家隔壁的神祕鄰居到底是做什麼的啊？

我有問爸爸，他說阿光叔叔是在工業技術研究院的實驗室工作……

實驗室！好酷喔！

可是……實驗室是做什麼的啊？

嘿嘿！我也不知道！

小小實驗室偵探團成立！

工業技術研究院
是個什麼樣的地方？

　　工業技術研究院是應用研究機構，是1973年經濟部長孫運璿先生把分散在各地的聯合工業研究所、聯合礦業研究所與金屬工業研究所合併起來，以科技研發「帶動產業發展、創造經濟價值、增進社會福祉」所創立。

　　目前工研院大約有六千位研發人員，累積近三萬件專利權——這些產品和技術的研究發明，都是研發人員發現人們的生活需要和工廠的生產需求之後，為了解決所需或者產生的問題，投入大量時間和心力，所產生的科技智慧結晶。

　　工研院研發人員的各項研究發明，不只讓人們的生活變得更加

工研院中分院（工研院提供）

便利，也使得臺灣工業技術再升級，在國內創造更多經濟產值，在國際之間更是享有盛名。

現在，工研院致力發展AI人工智慧、半導體晶片、通訊、資安雲端技術，並且聚焦「智慧生活」、「健康樂活」、「永續環境」三大應用領域研發方向，用科技創新翻轉每個人的生活！

工研院創新園區（工研院提供）

雖然叫做「工業技術研究院」，但看起來發明的產品和技術，不只限於工業呢！

嗯嗯，智慧生活、健康樂活、永續環境都和我們有關係！好想趕快去看看！

要拜訪哪些實驗室？

這些就是我們這次要拜訪的實驗室喔！

哇！有的看起來好神祕喔！

Stop1

燈泡闖關大挑戰
LED照明測試實驗室

Stop4

1公斤新定義
力學與醫學計量研究室

Stop2

空氣裡有什麼？
綠色化學與環境實驗室

Stop3

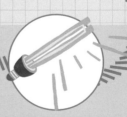

紫外線量測有一套
國家度量衡標準實驗室

同場加映

神奇的臭氧
綠色化學與環境實驗室

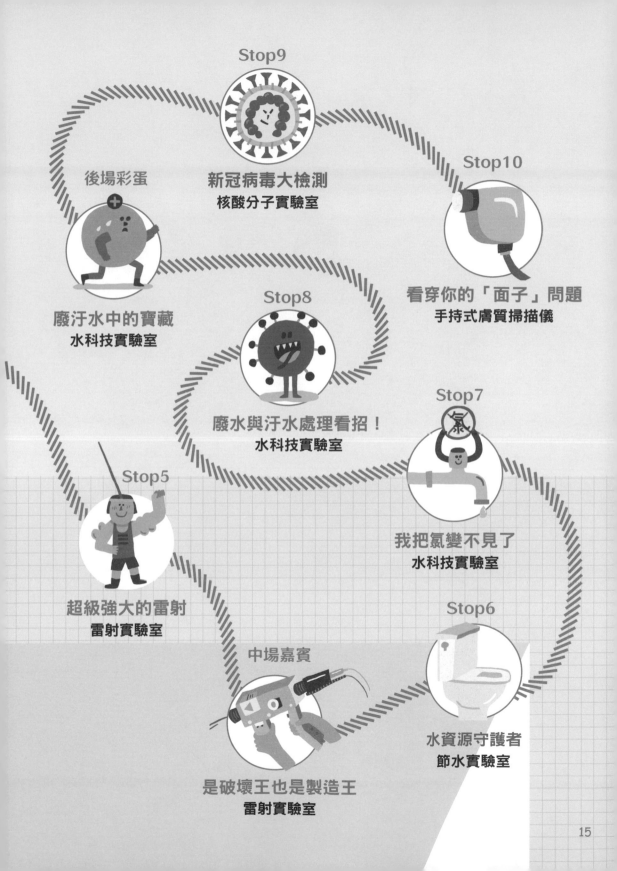

Stop9
新冠病毒大檢測
核酸分子實驗室

Stop10
看穿你的「面子」問題
手持式膚質掃描儀

後場彩蛋
廢汙水中的寶藏
水科技實驗室

Stop8
廢水與汙水處理看招！
水科技實驗室

Stop7
我把氯變不見了
水科技實驗室

Stop5
超級強大的雷射
雷射實驗室

Stop6
水資源守護者
節水實驗室

中場嘉賓
是破壞王也是製造王
雷射實驗室

燈泡闖關大挑戰
LED照明測試實驗室

你們發現了嗎？近年來，各式各樣的LED燈具取代傳統燈具，在我們的生活中「大放光明」，像是學校裡的長形燈管、路上的交通號誌燈、家中的球形燈泡，統統都是比較省電的LED燈！不過，這些LED燈在我們的生活中發光發亮之前，竟然必須先在實驗室裡通過一關關挑戰！這是怎麼回事？

身經百戰的LED燈泡？

快去看看！

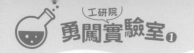

實驗室大揭密

原來，目前臺灣政府規定LED燈產品必須取得CNS國家認證，通過安全、性能與壽命等國家標準才能上市販售，而且檢測必須在取得該地標準認可的實驗室中進行。

工研院的「LED照明測試實驗室」就協助許多LED燈進行檢測，包括賣到國外或國內的LED燈、臺灣街上看到的所有交通號誌燈，統統都可以在這裡進行闖關大挑戰唷！快來看看LED球形燈泡必須接受的部分關卡吧！

LED球形燈泡闖關大挑戰

1. 燈泡的壽命　枯化光衰量測系統

LED燈使用愈久，亮度就會愈衰弱，直到無法使用為止，這就是燈泡的壽命。

所謂的枯化，就是把LED燈點亮後，放著讓它慢慢老化，看看可以使用多久。兩千個小時是最基本的，一般測試多半是六千個小時唷！很久吧？

2. 光有多亮、光的顏色　積分球光譜量測系統

　　要知道LED燈的光有多亮、光是什麼顏色，就要靠一顆神祕的球——積分球，積分球有不同的尺寸，大型積分球直徑可達兩公尺，內層塗料是硫酸鋇，可以讓光照得很均勻。

　　把點亮的LED燈放在積分球內部，連接光譜儀，就可測出這顆LED燈的數值，包括光有多亮、光的顏色（色溫，例如是黃色或白色燈光）、光顯示物體真實顏色的能力。

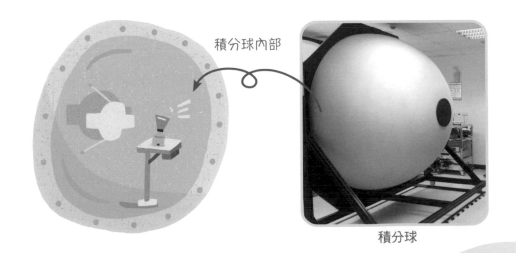

積分球內部

積分球

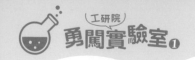

3. 你使用的燈具夠安全嗎？ 光輻射生物安全測試系統

LED燈是否會過熱？是否會漏電？材質是否耐高溫？這些安全性的測試，統統都要檢驗。

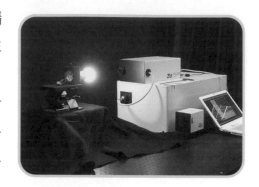

LED燈強制性檢測的項目還有「藍光危害」，以避免對眼睛和身體造成傷害。除了藍光測量，紫外線、紅外線等都能測量喔！

LED交通號誌燈也來闖關！

除了LED球形燈泡，小小實驗室偵探團發現也有LED交通號誌燈在實驗室接受檢測──LED交通號誌燈的檢測更加嚴格，包括燈色是否正確？各種角度是否都能看得清楚？陽光照射下是否會模糊不清？夜間是否太亮，讓用路人看不清楚⋯⋯這些都必須通過測試，才能成為合格的交通號誌燈！

4. 不要互相干擾啦！ 電磁干擾測試

　　由於電器產品會產生電磁波，因此一定要測試電磁相容性，看看是否會受到其他電磁干擾，或者是否會干擾到其他電器產品，使得彼此無法正常運作。LED燈泡的「電磁干擾測試」，是使用長得有點奇怪的環形天線進行測試呢！

　　這個像摩天輪的儀器叫做「配光曲線量測系統」，因為LED的光源有指向性，可能會有亮度不均勻的問題，所以必須透過這個儀器讓LED燈轉動，了解不同角度的發光強度，才知道間隔多少距離要設置一支路燈，使道路不會忽明忽暗。

配光曲線量測系統

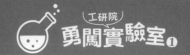

小小偵探團發問中

每個實驗室都有自己的器材，我們要怎麼確保每個實驗室的實驗器材測量得夠準確？就是說，把同一個物件，拿去不同實驗室測量，都會得到一致的結果（誤差在一定範圍之內）？

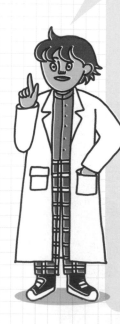

為了解決這個問題，以工研院LED照明測試實驗室為例，我們工程師除了檢測LED燈之外，也要校正、追溯儀器——媽媽去傳統市場買菜時，每個店家都有自己的磅秤，只要拿去和菜市場公認的「公正秤」比對，就能知道店家的磅秤是否準確——實驗室的儀器也是這樣，必須一層一層往上比對，最後比對到最高的國際標準單位（SI），才能證明測試結果的準確度，這個過程稱為「追溯」。

由經濟部標準檢驗局委託成立的**工研院量測技術發展中心**，就負責建立和維持國家最高的度量衡標準系統，例如「絕對輻射量測系統」可偵測出光的輻射功率，依此計算出光強度，而這顆經過驗證的標準燈，就可拿回LED照明測試實驗室量測光強度，若結果一致，就代表實驗室儀器準確度高囉！

絕對輻射量測系統

找一找，想一想

1 請你觀察一下，在生活環境中，有哪些是傳統燈泡？哪些是LED燈？哪種燈具比較多？

2 為什麼愈來愈多人改用LED燈具？你可以上網找一找傳統燈泡和LED燈具各自的特色，比較兩者的優缺點。

3 國家為什麼要訂定LED燈泡量測標準？這些標準大致包含哪些項目？如果沒有訂定量測標準，可能會發生哪些狀況？

4 為什麼LED燈泡量測一定要在標準的場地進行？如果沒有在標準的場地進行，可能會產生哪些問題？

5 如果是你訂定LED燈泡量測標準，你會訂定哪些標準？為什麼？

6 請畫下你設計的LED燈具。

空氣裡有什麼？
綠色化學與環境實驗室

大家聽到「綠色化學與環境實驗室」，頭上是不是問號滿天飛？綠色化學到底是什麼？和空氣裡有什麼東西有何關聯？這個看起來很神祕的實驗室，其實跟我們的生活息息相關唷！

裡面到底在研究什麼？

連我都不知道！

實驗室大揭密

　　說到化學，大家多半會聯想到有毒的汙染物，但進入21世紀時，有一群化學家開始提倡綠色化學的概念，也就是透過對化學原料和化學製程的提升，減少使用的資源和能源，並且降低汙染，避免產生有毒物質和廢棄物。

　　因此，工研院的綠色化學與環境實驗室就是以化學為主體，強調把化學應用在環保領域的綠色力量，為我們的健康、安全把關喔！那實驗室到底有哪些重要任務呢？

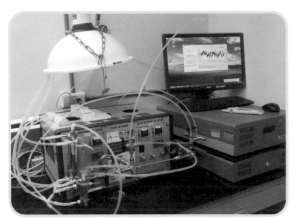

綠色化學與環境實驗室的重要任務！

任務一　你家的裝潢健康嗎▶▶甲醛偵測儀

　　當大家走進剛裝潢完的房子，是否有時會感覺刺鼻、眼睛不舒服，甚至是不斷咳嗽？這有可能是「甲醛」在作怪唷！

　　我們裝潢房子時使用到的木頭建材，為了避免蟲蛀，會加入甲醛相關物質，這些物質會連續釋放揮發性甲醛，如果濃度太高，

時間一長，就會對身體健康造成嚴重的傷害。

但要怎麼知道家中的甲醛是否超標呢？

只要把綠色化學與環境實驗室開發的甲醛偵測儀，靠近或放進木製家具櫥櫃中，大約三、四十秒，就可偵測到結果，並能和手機、平板連接，接收到數據，達到連續追蹤監控環境的功能。

接收數據的手機　　　甲醛偵測儀

甲醛偵測儀原理

　　甲醛偵測儀是利用電化學的氧化還原反應，來偵測空氣中的甲醛含量。你可以把偵測器想像成燃料電池，把甲醛氣體想像成燃料，當電池電極設定甲醛最容易產生氧化反應的電位後，若空氣中真的有甲醛，接觸到電極就容易被分解，釋放電子流能量，形成通電迴路，並且轉換成偵測到甲醛的訊號，顯示在儀表上。

工研院 勇闖實驗室 ❶

任務二　警方值勤好幫手▶▶酒精感測器

　　大家經常可看到警察叔叔和阿姨在路上執行酒測，但我們要怎麼確保偵測器的準確度呢？

　　工研院綠色化學與環境實驗室的主要任務，不是製造酒測器，而是**開發檢定酒測器的設備**，並可追溯到國家標準，以確保用來執行公權力的酒測器足夠準確。

　　由於人的吹氣是不穩定的，包括呼氣力道大小、呼氣持續流量、總呼氣量等，都會影響到酒測器的量測結果，因此實驗室會模擬人體各種不同呼氣狀況，依此設計及調整酒測器。

光學式分析儀　　　　電化學式酒測器

酒測儀器原理

　　喝酒之後，酒精會進入血液，透過連續定量吹氣可測量到肺部酒精含量。目前警方使用的儀器，主要有電化學式酒測器與光學式分析儀兩種，電化學式是設定酒精最容易產生氧化反應的電位，透過氧化還原反應來偵測呼氣中的酒精含量；光學式則是利用紅外線濾掉其他物質的波長，只偵測酒精的波長。

廢氣分析儀器把關者▶▶汽車或機車排放模擬器

在路上，各縣市環保局人員與監理站及合格代檢廠，會量測汽機車惰轉時排放的廢氣，綠色化學與環境實驗室也同樣具備**檢測排氣分析儀準確度的認證能力**，而檢測過程必須請出汽車或機車排放模擬器（儀器相似，但兩者廢氣的量測標準不相同）。

簡單來說，廢氣排放模擬器就是依照法規模擬汽車或機車排放廢氣的各種檢定測試狀況，包括儀器洩漏、阻塞、流量不足等問題；若排氣分析儀都可量測出正確結果，加上器差或公差都在規格範圍內，就代表儀器合格，可貼上合格標籤，供環保署認可的機車定檢站、監理所及合格代檢廠檢測使用喔！

機車排放模擬器與電腦連線

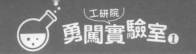
小小偵探團發問中

工研院實驗室為什麼要檢測儀器的準確度呢？

這是因為儀器本身生產時可能有瑕疵，或者是使用久了可能會變得老舊，而出現量測誤差啊！

如同公共安全與室內空氣品質管制所使用的甲醛偵測儀，可以定期送到工研院綠色化學與環境實驗室檢校，維持儀器準確度；警用酒測器使用一年或滿一千次，須送回標檢局代施單位檢定；汽車或機車廢氣排氣分析儀使用一年後，也要檢校一次，才能繼續執行公權力喔！換句話說，偵測儀器也要定期進行健康檢查喔！

啊啊啊！偵測儀器讓我們化學物質無所遁形，真害羞！

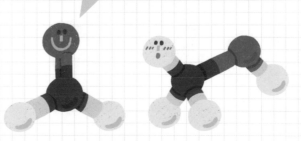

找一找，想一想

◯◯◯◯◯◯◯◯◯◯◯◯◯◯◯

1 甲醛議題與我們的生活息息相關，請上網找一找，有哪些防止甲醛超標小撇步？請和大家分享。

2 為什麼這些偵測儀器需要檢校？如果這些偵測儀器沒有經過檢校，可能會發生什麼狀況？

3 這些偵測儀器檢校和人們的權利有什麼關係？

4 上網查一查，有哪些量測儀器也需要通過檢校？

5 你還能想到有哪些儀器應該通過檢校嗎？

神奇的臭氧
綠色化學與環境實驗室

大家知道「綠色化學與環境實驗室」還有一個神奇的東西嗎？那就是「臭氧」！臭氧和氧氣有什麼關係？神奇之處在哪裡？和我們的生活又有何關聯呢？

臭氧到底可以怎麼運用啊？

我只知道臭氧層破了一個洞！

實驗室大揭密

當小小實驗室偵探團拜訪綠色化學與環境實驗室時，阿光叔叔還介紹了一個神奇的純物質——臭氧。

臭氧O₃

在綠色化學與環境實驗室中，不但可以用機器製造臭氧，也可以進行物品耐臭氧實驗，而且這竟然跟我們的行車安全有關係？這是怎麼回事？

輪胎多久老化：耐臭氧試驗機

搭汽車時，大家是否注意過車窗的框條、車子的輪胎，有時會出現龜裂現象？這就是橡膠、塑膠製成物，隨著時間流逝和環境影響，產生的老化現象，可能會影響行車安全；為了掌握這些製成物的使用壽命，就要請出——工研院的「耐臭氧試驗機」！

這臺機器可模擬在不同溫度、溼度、臭氧濃度下，加速測試橡膠、塑膠製成物經過多久時間會老化龜裂，像大家經常聽到的「輪胎保固五萬公里」，有一部分的參數就是依此測試結果推估而來的喔！

耐臭氧試驗機

　　原來，許多汽車廠商會調整車子零件的材料配方，因此需要了
解這個新配方的物理機能，而耐臭氧試驗機可以讓橡膠或塑膠快速
老化，一個配方不需要等待三年、五年甚至十年，只要測試三天到五
天，就能了解產品的壽命，是不是很厲害呢？

臭氧為什麼能加速物品老化？

　　臭氧有強大的氧化能力，能輕鬆打斷橡
膠、塑膠的雙鍵，只要雙鍵被打斷，物品便會老
化龜裂，這種破壞力也是臭氧除臭殺菌的神奇祕
密喔！接下來，讓我們一起來認識臭氧吧！

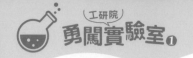

臭氧是什麼？

臭氧的化學式是 O_3，也就是有三個氧原子；氧氣是 O_2，也就是有兩個氧原子。臭氧和氧氣有親戚關係，但個性很不一樣，因此有不同作用喔！

雖然臭氧叫做「臭」氧，低濃度時卻有清新的味道，只有在濃度高時才會有特殊味道，例如電器短路產生火花時、雷雨過後森林裡的特殊氣味，就是因為產生了臭氧喔！

我們很穩定，不容易與其他物質產生反應。

氧氣

我們很活潑，喜歡衝來撞去，破壞穿透力很強！

臭氧

臭氧的好與壞

在大自然中，臭氧的含量以平流層為最多（離地表二十至三十公里處）。平流層的臭氧，雖然可以吸收大部分陽光的紫外線，讓我們不會像煎魚一樣被煎熟，但臭氧也是強氧化劑，對動植物及結構材料如塑膠、橡膠有害，吸入過量臭氧會影響我們的黏膜，產生哮喘、支氣管炎等呼吸道症狀。

因此，當空氣中臭氧含量過高時（如中午十二點到下午兩點），建議老人和幼兒不宜於戶外進行劇烈運動。

臭氧怎麼除臭、殺菌？

臭氧的氧化能力很強，對雙鍵化合物敏感度很高，各種氣味如花香味、香水味、臭味等，都有雙鍵官能基化合物，而臭氧可以直接跟這些雙鍵化合物對撞，把這些雙鍵撞斷，異味官能基就消失不見了！

至於臭氧殺菌的方法之一，就是直接穿透細菌這種單細胞生物，叫做臭氧穿孔，體內的流質不斷流出，細菌就死掉了。

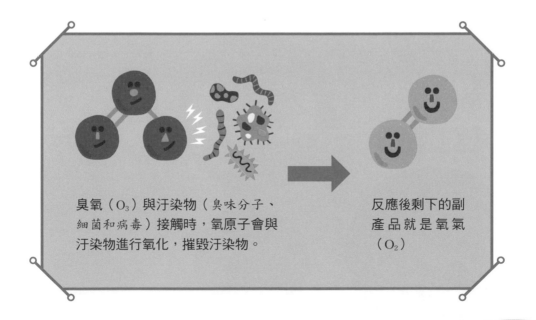

臭氧（O_3）與汙染物（臭味分子、細菌和病毒）接觸時，氧原子會與汙染物進行氧化，摧毀汙染物。

反應後剩下的副產品就是氧氣（O_2）

小小偵探團發問中

既然臭氧可以除臭殺菌，那麼目前市面上有哪些產品？臭氧產品的優點是什麼？購買時和使用時又要注意什麼呢？

雖然臭氧過量就是空氣汙染物，但卻可以超有效除臭、殺菌、分解農藥，更重要的是，臭氧反應後會生成氧氣，不像其他化學物質本身就是毒性汙染物且會有殘留的二次汙染問題。

目前的臭氧產生機，也是運用紫外線（UV燈管式）、高壓或高頻電力（放電式）這兩種能量，來製造臭氧，其中運用紫外線產生的臭氧，比較不會產生有害的副產品喔！

臭氧的功用

食物保鮮
防止食物腐敗

養殖業、淨水廠

水質消毒殺菌

醫療器材
滅菌、治療

臭氧水
洗滌蔬果
分解農藥

找一找，想一想

○○○○○○○○○○○○○○○

1 閱讀本文後，你對於臭氧的認識有哪些改變？

2 根據本文，臭氧對於人類來說，有哪些「好」與「壞」？

3 你覺得臭氧能被歸為「好東西」或「壞東西」嗎？為什麼能或是不能？請說出你的理由。

4 你能想到其他對人類來說，有好也有壞的東西嗎？請試著舉例。

5 你能想到對人類是好的，但對其他生物或環境來說是不好的東西嗎？請說說當遇到兩難時，你會如何取捨。

6 請上網找一找關於臭氧的環境議題，和大家分享你的看法，以及可以採取的行動。

空氣清淨機

除臭殺菌

臭氧這樣用！
臭氧半衰期約半小時，清淨機可用定時功能，臭氧水可先靜置，半小時後再進入室內和廚房，避免臭氧濃度過高。

紫外線量測有一套
國家度量衡標準實驗室

最近受到新冠病毒疫情影響，市面上出現許多紫外線殺菌產品，但大家知道紫外線有A、B、C三種嗎？可用來殺菌的是哪一種？我們又要怎麼確認是哪一種紫外線呢？

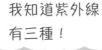

我知道紫外線有三種！

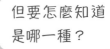

但要怎麼知道是哪一種？

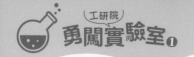

 ## 實驗室大揭密

要確認是哪一種紫外線，就必須依靠「量測」。在我們的生活中，充滿各式各樣量測數字，例如一公尺有多長、一公斤有多重、一秒有多久──這些標準到底是由誰建立？又是怎麼量測呢？

原來從很久以前開始，人們為了能夠互相溝通，陸續統一各種測量標準和單位。1960年代出現國際單位制，目前共有七大基本單位，包括長度（公尺）、質量（公斤）、時間（秒）、電流（安培）、溫度（克耳文）、物量（莫耳）及光強度（燭光）。

這次拜訪的**國家度量衡標準實驗室，就負責建立和維持國家最高的度量衡標準系統**──大家可別小看這項任務，一個國家科學技術的水準，都和儀器系統準確度與量測品質息息相關，國家度量衡標準實驗室就負責建立精準的量測標準！

在與光有關的實驗室中，實驗衣和室內裝潢都是黑色的，避免影響量測結果。

紫外線A、B、C現身！

目前國家度量衡標準實驗室也有「紫外線LED光源關鍵參數量測系統」，而紫外線到底是什麼呢？

光是一種電磁波，在光譜上，人眼可看到的光稱為「可見光」，像是陽光用三稜鏡可折射出紅橙黃綠藍靛紫七彩顏色的光，這些就是不同波長的可見光。

至於在紅色光和紫色光之外，人眼看不到的光稱為「不可見光」，其中在紫色光範圍之外的光線就稱為「紫外線」。

紫外線三兄弟

陽光中就有紫外線，紫外線的波長（100nm～400nm）比可見光短，能量比可見光強，因此會對生物產生影響和傷害，在使用相關產品時一定要小心注意，其中又可分為紫外線UVA、UVB、UVC三兄弟，而有殺菌功能的是UVC！

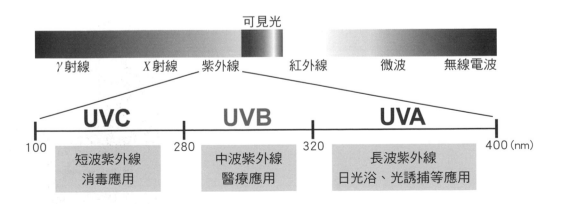

UVA

我的穿透率最好，照射到人類皮膚會讓你們晒黑，照進眼睛可能會傷害視網膜！

波長最長，會對皮膚和眼睛產生傷害！

UVB

我大多數會被臭氧層吸收，但仍有少量會到達地表，對人類皮膚和眼睛產生傷害！

波長次長，有少數會到達地表！

UVC

我的穿透率最差，不太能照射到地表，但我的波長最短，能量最強，可以破壞微生物細胞，達到殺菌效果！

波長最短，可以殺菌！

 # 紫外線量測在做什麼呢？

現在大家知道了紫外線A、B、C三種的差異，而國家度量衡標準實驗室針對紫外線發光二極體（UV LED）光源，可量測各種數值，例如透過確認光源的「波長」，就能了解此光源是否為紫外線，以及又是哪一種紫外線，能量有多強唷！

標準燈

第一站 分光輻射照度標準室

　　要進行紫外線量測，最重要的是「建立標準」，因此在這個實驗室中，必須先用「標準燈」進行量測，得到「標準值」，接著再把這個標準傳遞到其他實驗室。

　　首先，研究人員把標準燈放在一平方公分的圓形收集器前方，看看在這個面積內，會收集到多少光，接著透過儀器中的光譜儀，像光的柵欄一樣，把不同波長的光分出來，也就是把光源分成七彩可見光、紅外光、紫外光等不同波長的光，這個過程就是「分光」。

分光光譜輻射計

　　分光後，經由偵測系統來確認標準燈的每個波長光的強度有多少，也就是標準燈的標準值。

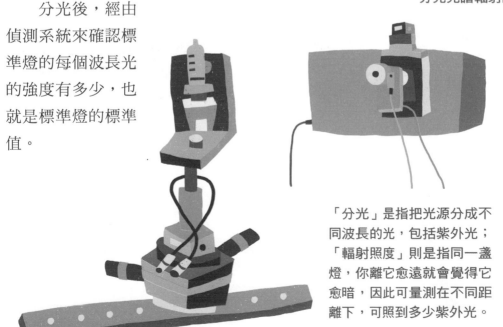

「分光」是指把光源分成不同波長的光，包括紫外光；「輻射照度」則是指同一盞燈，你離它愈遠就會覺得它愈暗，因此可量測在不同距離下，可照到多少紫外光。

第二站 分光輻射通量標準室

　　把剛才的「標準燈」拿到這間實驗室再量測一次，就可得到「訊號值」，只要比對標準燈的「標準值」和「訊號值」，就能知道兩間實驗室量測器材差異，建立電腦參數。

　　接著，研究人員把待量測的紫外線元件（如紫外線LED模組），放在儀器前方，把所有光都收集起來，就會得到「輻射通量」，這是指「一個光源所有角度發出的光的總量」——由於之後紫外線元件會裝上外殼等封裝模組製成產品，因此廠商得先藉此了解，光源發出的紫外光總量，是否符合殺菌需求。

「輻射通量」是指一個光源所有角度發出的光的總量，在製成紫外線產品前，廠商得先了解，光源發出的紫外光總量，是否符合殺菌需求。

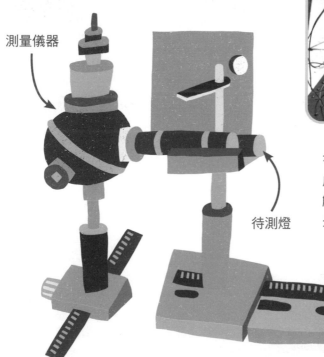

測量儀器

待測燈

而量測紫外線元件得到的「訊號值」，只要運用標準燈建立的電腦參數進行修正，就能得到紫外線元件正確量測數值。

然後，透過移動紫外線產品下方的滑軌，就可測試在不同距離下，紫外線產品的各個分光輻射照度是多少——由此可知，在不同距離下，會照到多少紫外光，以利廠商在開發產品時有可靠的參考數據。

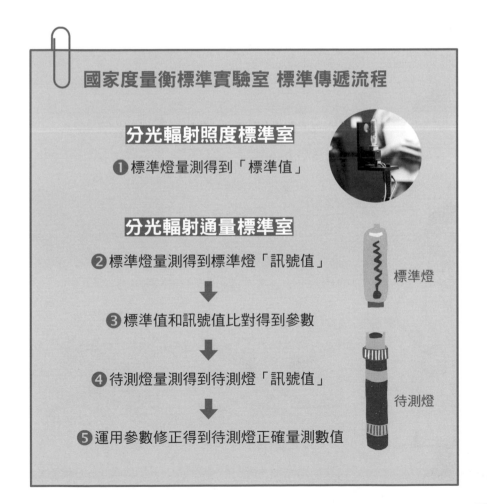

國家度量衡標準實驗室 標準傳遞流程

分光輻射照度標準室

❶ 標準燈量測得到「標準值」

分光輻射通量標準室

❷ 標準燈量測得到標準燈「訊號值」

❸ 標準值和訊號值比對得到參數

標準燈

❹ 待測燈量測得到待測燈「訊號值」

待測燈

❺ 運用參數修正得到待測燈正確量測數值

小小偵探團發問中

現在有好多紫外線產品,但前面說到,紫外線可以殺菌,使用不當也可能傷害人體健康,我們到底要如何正確選擇與使用紫外線產品呢?

對於隨身消毒的紫外線產品,目前臺灣政府尚未強制規定要接受檢查,以及在包裝上加註標示警語的要求,大家在選擇和使用上一定要特別小心,才不會造成傷害,例如紫外線殺菌產品不能直接對人體照射,尤其是眼睛和皮膚。

此外,只有UVC才有殺菌效果,所以基本波長、輻射通量、有效消毒所需時間、燈管使用年限等,在選購時也必須特別注意喔!

紫外線產品不可直接照射眼睛和皮膚。

找一找，想一想

1 本文介紹的紫外線有哪三種？能用來殺菌的是哪一種？

2 我們為什麼需要量測紫外線產品是哪一種紫外線？如果不量測的話，可能會產生哪些問題？

3 國家度量衡標準實驗室的任務又是什麼？

4 如果大家都有各自的量測單位和方法，而沒有共同的標準量測單位和方法，可能會造成哪些結果？

5 在本文中，國家度量衡標準實驗室使用不同儀器量測紫外線發光二極體（UV LED）光源時，為什麼要使用標準燈「傳遞標準」？

6 如果沒有使用標準燈「傳遞標準」，可能會產生哪些結果？

1公斤新定義
力學與醫學計量研究室

你們知道嗎？2018年11月，世界各會員國召開了第26屆國際度量衡大會，宣布1公斤有了新的定義，這也跟工研院負責營運的國家度量衡標準實驗室有關係喔！

1公斤有新定義？這樣我的體重會不會變重啊？

吼唷！你少吃一點就好了啦！

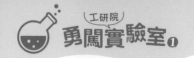
實驗室大揭密

雖然1公斤有了新定義，但其實大家不用擔心，這樣的改變是很微小的，只會影響到需要超精密測量的產業，對於我們秤重買東西、量體重、書包負重量等，絕大部分領域都沒有改變。不過，1公斤的新舊定義，到底有什麼不同呢？

既然是測量的標準和單位，當然又跟國家度量衡標準實驗室有關，其中力學與醫學計量研究室就是「公斤」單位的把關者喔！

舊的1公斤定義：鉑銥公斤原器

19世紀以前的人是怎麼測量1公斤呢？答案是用「水」，當水溫4℃時，1000毫升的水就是1公斤。

不過，水的密度會隨著溫度改變，很難根據水的溫度量測固定體積的水，科學家就思考用其他東西替代，最後採用了1公斤的「銅砝碼」。

可是，銅的表面容易氧化，會產生質量誤差，加上金屬冶金技術進步，一種名叫「鉑銥合金」的新合金被發明出來。由於鉑不易氧化，非常穩定，而銥的耐腐蝕性為所有金屬最高，1889年第一屆國際度量衡大會就決定以一個鉑銥合金圓柱體做為國際公斤原器。

這個國際公斤原器（IPK），一百多年來都被保存在法國巴黎國際標準局的神祕保險箱，上頭寫有英文大寫字母「K」，不但有三層真空玻璃罩，就連溫度和溼度也維持恆定，必須有鑰匙的人才能取出喔！

國際鉑銥公斤原器

過去一百多年來，我就是1公斤的標準！

目前各國的鉑銥公斤原器是從國際公斤原器複製而來，臺灣是編號78號，每十年就要回法國和國際公斤原器比對，看看有無增減（圖為我國鉑銥公斤原器）。

國際鉑銥公斤原器

矽晶球

2018年11月，國際度量衡大會改變了1公斤的定義，而且與我有關！

1公斤新制和工研院購入的矽晶球有關。

矽晶球

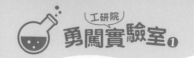
 ## 為什麼要改變1公斤的定義？

國際公斤原器採取嚴格控管，是為了避免金屬氧化或鏽蝕，使得1公斤原器質量增加或減少。

為此，科學家們還會定期為被暱稱為大K的國際公斤原器，以及它的六個兄弟姊妹們，舉辦「體重比對大會」——這六個兄弟姊妹是大K製造時，同一個材料、同一個時間製造出來的複製品，也保存在一樣的環境條件中，理論上質量應該一樣，但實際上這七個鉑銥圓柱體還是被測到不同的質量數字。雖然無論如何，國際公斤原器就是定義上的1公斤，不過大家卻不知道到底是國際公斤原器的質量變了，還是複製品的質量變了。

事實證明，這一百多年來，國際公斤原器與它的複製品質量差異已經大到50微克，雖然數值非常微小，但為了追求更精準的定義，科學家們幾十年來反覆研究、測試、驗證，才終於在2018年決定採用新的公斤定義！

新的1公斤定義：普朗克常數

　　科學家認為，世界上有些東西是宇宙誕生時就固定的，例如光在真空中的速率，便是一個數值固定不變的物理量，若能用這些「自然常數」來定義度量衡，是最精準、最穩定的，而公斤改制後用來定義1公斤的「普朗克常數」，就是一個自然常數。

　　要實現普朗克常數的公斤定義，有兩種方式，一種是**基布爾天平法**，儀器利用電磁力、磁場和重力，量測出公斤數值；另一種就是臺灣採用的**X光晶體密度法**，也就是矽晶球法，簡單來說是算出矽晶球裡有多少顆矽原子，導引出矽晶球質量，接下來就可透過計算和普朗克常數連結，得出公斤數值。

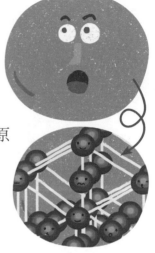

　　新的公斤定義，也在2019年5月20日世界計量日實施囉！

矽晶球內部的矽原子。

要怎麼判斷到底是誰變重？

如果體重不一樣怎麼辦？

搞不好是大K變重！

▶延伸影片這裡看

SI國際單位制
新質量標準
「公斤」重新定義

小小偵探團發問中

矽晶球和我們到底有什麼關係呢？

前面說過，矽晶球的使用，對於新的公斤定義的改變很微小，卻深深影響了臺灣精密產業的競爭力喔！工研院目前有三顆矽晶球，力學與醫學計量研究室的研究人員們，正在研究矽晶球的各種實驗參數，希望能掌握更精準穩定的量測技術，讓臺灣精密產業在國際競爭上更有優勢，像研究人員必須掌握矽晶球表層成分和質量變化，才能隨時更新矽晶球的質量數值唷！

矽晶球的小祕密

❶ 矽晶球是由矽28原子組成，會做成球狀，是因為圓形表面積最小，能沾附上去的灰塵、鏽蝕等外加物質最少，比較不會造成太大的質量增減喔！

❷ 矽晶球要怎麼清洗呢？答案很簡單，先使用水、界面活性劑（類似低濃度洗碗精）清洗，再用水和酒精清洗 → 清洗完後放到特殊容器，再放入真空的機器中 → 接下來就可以把質量數值傳給標準砝碼，再傳給其他實驗室的砝碼囉！

找一找，想一想

1 在生活中，量測任何東西都需要「單位」，例如「公斤」就是國際單位制的質量單位，也就是世界統一通用的標準重量單位。其實在國際單位制尚未出現之前，很多國家都有不同的重量單位，快上網找找看有哪些？

2 承上題，當各國都只使用自己習慣的重量單位，可能會造成哪些問題？

3 1960年代國際單位制出現後，人們陸續統一各種測量標準和單位，使溝通更加方便與準確，目前共有七大基本單位，包括長度（公尺）、質量（公斤）、時間（秒）、電流（安培）、溫度（克耳文）、物量（莫耳）及光強度（燭光）。請上網找一找你有興趣的「單位」發展故事，並和大家分享。

4 在國際單位制的七大基本單位中，除了質量（公斤）有國際鉑銥公斤原器（IPK）之外，還有其他基本單位有實體物件的原器嗎？你可以看一看它的廬山真面目，試著畫下來。

5 閱讀本文，加上查找資料後，量測單位以實體物件原器為標準，可能產生哪些問題？請說說你的發現。

6 除了國際單位制的七大基本單位之外，生活中還有哪些量測單位？快和小小偵探團一起動腦想一想！

超級強大的雷射
雷射實驗室

現在要為大家介紹一位「特別嘉賓」，那就是超級強大的雷射！雷射堪稱是「超級工具」，不只有很強大的能量，而且在生活中的運用，遠遠超過大家的想像喔！

雷射實驗室聽起來很酷耶！

雷射光是個奇妙的東西！

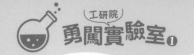

實驗室大揭密

工研院的雷射基地，叫做「雷射與積層製造科技中心」，也就是運用雷射技術，幫助臺灣產業加分升級。雷射被稱為超級工具，是因為它把很強大的能量，集中打在很小的一個點之內，使得能量密度超高，因此可對各式各樣的物質加工，像是金屬、塑膠、陶瓷、紙張、石頭，甚至是木材，而雷射的使用，也讓雷射3D列印可製造出需求量少卻不可或缺的航太、工業、醫療等精緻零件喔！

雷射光是什麼？

要了解雷射光是什麼之前，請大家先發揮想像力：我們的生活充滿了光，這些自然光的光束中，就像七色彩虹一樣，有波長較長的紅光，也有波長較短的紫光，而且像波浪一樣傳遞，但波形卻不一致，四處發散，使得能量無法統一，成為我們看到的光。

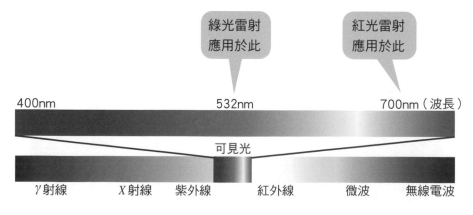

可見光只占電磁波譜中的一小部分。

電燈泡的光有各式各樣的波長，它們的波列不連續，是非同調光。

雷射是波列一直連續的完全同調光。

雷射光和自然光最大的不同在於，雷射光是一種特定波長的光，例如大家會聽到的紅光雷射、藍光雷射，而且所有的光束都是同一相位，也就是在同一時間波形、波峰、波谷都相同，使得能量互相加乘，小小一束雷射光就擁有強大能量，這股超高能量就可以運用在工業、科技、軍事、醫療和日常生活中喔！

 ## 雷射光為什麼這麼強？

雷射光是怎麼變得這麼強的呢？

簡單來說，雷射是一種受激輻射所引起的光放大。大家知道，各種物質都是由原子和圍繞在原子外軌道的電子所組成，當我們從外面給予電或光等能量，使得電子從內圈跳到外圈軌道，接著再從外圈退回內圈軌道時，電子會把多餘的能量以光的形式釋放出來，就可以製造雷射光囉！

不過，這樣的能量還是不夠大，接下來要把雷射光引導到「共振腔」（或放大器）中，裡面充滿了可提升共振的物質，能夠繼續放大雷射光；等到達到一定能量，就可輸出大家需要的雷射光！

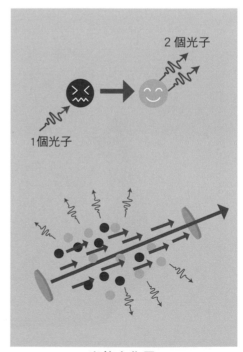

2個光子

1個光子

光放大作用

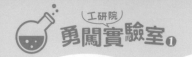

 ## 讓雷射瘦身成功的光纖

在以前的年代，需要很複雜的多路徑共振腔，才能製造出所需要的雷射光能量，造成那時的雷射系統非常龐大；幸好在科學家的研究下，雷射元件不斷縮小，最近十年更出現超強夥伴——光纖！

別小看比髮絲還細的光纖，它不僅做為傳輸雷射的介質，同時還構成可取代複雜共振腔的放大器，雷射可以在裡面邊傳遞邊放大。只要增加光纖的長度，就可以增加雷射的能量，使得雷射系統變得輕巧、可移動，而且可以大量生產，運用在更多領域中，例如眼科雷射、醫美雷射等。

雷射系統

光纖放大器　　　種子源（光源）　　　放大器的幫浦源（光源）

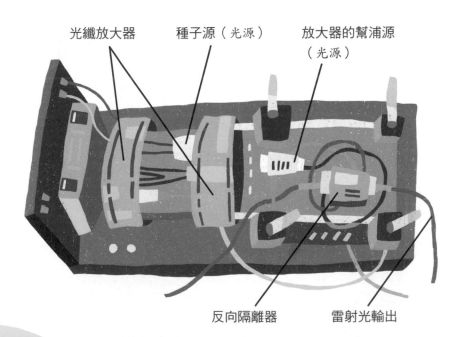

反向隔離器　　　雷射光輸出

雷射光的運用

　　雷射光的特性被運用在很多地方，也有很多不同用途，讓我們一起來看看吧！

雷射筆

雷射光的單色、高指向性，可清楚明確指出物體。

光 碟

半導體雷射可儲存、讀取光碟中的訊息，藍光雷射光碟可儲存的資料量，比原先的紅光雷射光碟更多！

雷射測速、測距

雷射光直線前進碰到物體後直線反射回來的特性，使得雷射可運用在測距、測速。

工 業

雷射光小小一束就有超高能量的特性，像一個武功高強的劍客，可輕鬆對金屬進行切割、鑽孔、焊接，而且維持金屬切面平滑。

美 容

雷射在極短時間內能打出一定能量，可用在除斑、除疤美容，例如皮秒雷射只有10^{-12}秒，不到一秒的時間就結束了，能減少傷疤生成。

醫 療

視力矯正手術是透過雷射把角膜表層劃開、水晶體削平或重塑弧度等，使得物體能正常成像在視網膜上。

※1皮秒=10^{-12}秒＝一萬億分之一秒

雷射小子發問中

大家好，我是雷射小子。除了上一頁的介紹，生活中還有很多物品的加工製造都有雷射參與喔！一起猜猜哪些會使用到雷射？

電鍍金屬上色

濾網或耳機零件

鈕扣刻字

石頭圖案雕刻

我知道石頭圖案雕刻會運用到雷射！

我常用耳機聽音樂！我猜耳機的製造，應該沒有使用到雷射……

我的彩色金屬片鑰匙圈也在裡面耶！它會是雷射加工製造的嗎？

答案是「以上皆是」！大家答對了嗎？

找一找，想一想

1 在閱讀本文前，你對雷射有哪些認識和想像？

2 在閱讀本文後，你對雷射的認識又有哪些改變？

3 雷射為什麼被稱為「超級工具」？

4 雷射和自然光最大的不同在哪裡？

5 光有可見光和不可見光，說說看你知道哪些可見光和不可見光？

6 在我們的生活中，可見光與不可見光的應用很廣泛，你還知道哪些光的應用？快抬頭找一找，並且和大家分享。

是破壞王也是製造王
雷射實驗室

除了前面講到的用途，能量強大的雷射還有很多使用方法——雷射擁有強大的破壞力，也擁有強大的加工製造力，接下來就來看看工研院的雷射基地裡，有哪些神奇的雷射工具吧！

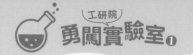

 ## 實驗室大揭密

工研院的「雷射與積層製造科技中心」，包括以雷射進行金屬切割、鑽孔、焊接，在蔬果上打標雕刻，為金屬器具除鏽和上色，以及很夯的雷射3D列印，讓臺灣傳統產業精緻升級，也讓臺灣高科技精密產業在國際上更有競爭力！

雷射除鏽清潔機

 ## 汽化吧！除鏽超能力

大家一定沒有想到吧？雷射竟然可以除鏽，只要拿著手持式雷射光槍，按下按鍵之後，就會射出雷射光的紅線鎖定位置，這時調整一下雷射光的作用焦距，就可以利用雷射光超高能量密度的瞬間高溫，把油汙、油垢、鐵鏽等碳構物質汽化，原本黑乎乎的金屬表面就變得亮晶晶，而且雷射只會清除鐵鏽，不會破壞鍋具表面喔！

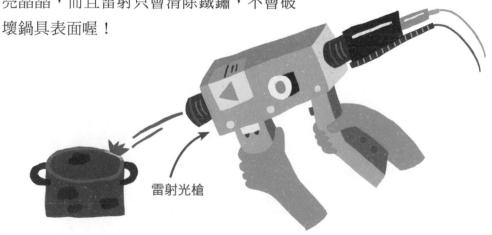

雷射光槍

雷射除鏽前

雷射除鏽後

 # 氧化吧！金屬上色超能力

　　另一個大家比較不知道的雷射用途，就是為金屬添上繽紛色彩
——這臺光纖雷射機把雷射打在不鏽鋼和鈦合金表面時，會與金屬成
分生成一層氧化物質，不同厚度就會反射出不同色彩，只要調整雷射
設定數值就可控制顏色，加上這是利用氧化物質呈現不同色彩，不像
其他顏料或藥劑會掉色，因此不必擔心用金屬餐具吃東西時被「加
料」！

用雷射光為
金屬上色。

光纖雷射機

 ## 碳化吧！蔬果表面打標籤超能力

神奇的是，同一臺光纖雷射機除了金屬、塑膠之外，竟也可以直接在馬鈴薯、地瓜、香蕉、龍眼等蔬果表面雕刻！

這是透過雷射瞬間高熱的效果，讓蔬果表面產生碳化，包括標籤、圖案、文字、QRCODE等統統直接「刻」在蔬果上，可提供生產履歷為食品安全把關，或者成為農業客製化精品，減少標籤貼紙使用，又不會傷害到蔬果本身，搞不好哪一天還可以刻上大家的個人照呢！

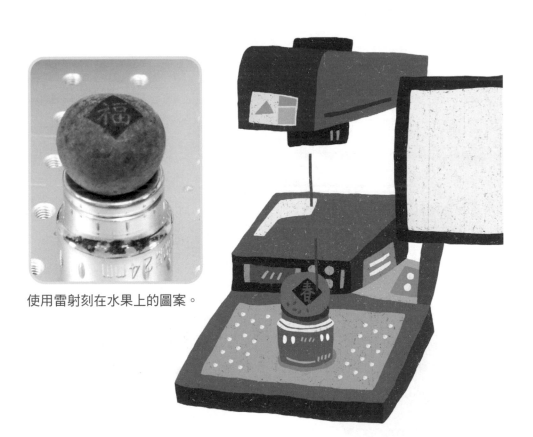

使用雷射刻在水果上的圖案。

融化、凝固、堆疊：3D列印超能力

這一點也很難想像吧？現在正夯的3D列印也會運用到雷射！以製造一個恐龍造型金屬杯子為例，必須先製作出把杯子切分成好多層的設計圖，然後機器會鋪上一層金屬粉，用雷射高溫熔融、冷卻凝固，再鋪上下一層……就這樣一層一層堆疊完成！

附加超能力：奇形怪狀零件產生器

雷射3D列印更厲害的超能力是，可以製作各種角度刁鑽的精緻工業零件，例如引擎裡常用到的貝殼螺旋零件，傳統做法是左、右半部分開製作再黏合，但黏合的地方容易損壞；如果使用雷射3D列印就可以一體成形，使用壽命更長久也更安全。

另外，同一個物件的不同部分，還可以按照用途使用不同材質，例如螺絲釘的螺栓可用較堅硬的鋼，露在外面風吹雨淋的釘帽則可用不鏽鋼喔！

雷射小子發問中

看了這麼多雷射加工製造的產品，大家是不是頭昏眼花了呢？不是我要自誇，我們雷射還有一種神奇妙用，快來猜猜是以下哪種？

A.讓不合格的不鏽鋼餐具現形　　B.讓喜歡的食物變大

C.讓橡皮筋變彩色的　　　　　　D.讓潛水艇隱形

能讓潛水艇隱形好酷，現在也有相關科技，但是和雷射有關嗎？

我比較想選「讓喜歡的食物變大」……

是要選雷射可以做到的事情，不是選你喜歡的選項啦！
我覺得A跟C看起來比較有可能。

答案就是「A. 讓不合格的不鏽鋼餐具現形」喔！工研院的研究團隊發現，在使用雷射為金屬上色時，相同的設定數值下，金屬成分的比重變化，會使得上色產生顏色差異，因此可用來判斷不鏽鋼餐具的成分中是否含有過量的重金屬，如鎳、錳、鉻等。所以，我們雷射也是不鏽鋼餐具的糾察隊唷！

找一找，想一想

1 閱讀完雷射的各種運用，有在你的預期內，還是超乎你的預期？和大家分享一下你的感受或想法吧！

2 你發現了嗎？第8頁中小功的彩色金屬片鑰匙圈，和小岩刻著圖案的蘋果，都是雷射加工製造的產品。快找找看，在你的生活中，使用了哪些這兩篇文章中介紹的雷射加工製品？

3 雷射能運用在各式各樣產品，是因為雷射有很多特性，請你找一找這兩篇文章中雷射的各種應用產品，分別是利用雷射的哪些特性，並且試著分類。

4 生活中還有很多產品是使用雷射加工製成，或者是直接利用雷射的特性達到某種用途，請你上網找一找，也可以和同學、老師、爸媽聊一聊，看看還有哪些雷射相關產品吧！

5 根據雷射的特性，你會想發明什麼樣的產品？快寫下來或畫下來，和大家一起分享吧！

水資源守護者
節水實驗室

節水實驗室也太特別了吧？小小空間裡，塞滿各式各樣水龍頭、洗衣機、蓮蓬頭等產品，正在進行測試，聽說在頂樓，還有各種品牌的馬桶也在進行測試耶！

所以，我才會說馬桶沖不沖得乾淨，也跟實驗室有關唷！

 實驗室大揭密

　　既然叫做節水實驗室，應該是研究節水的方法，到底為什麼要像賣家電的店鋪一樣，放滿各種水龍頭、洗衣機、蓮蓬頭和馬桶產品，並且進行測試呢？

　　原來，1998年經濟部水利署開始推動省水標章制度，和工研院共同成立這個實驗室，目的就是透過各項產品的各種檢測，包括耗水量與其他重要項目測試，使得通過的產品可獲得「省水標章」，讓民眾選購時有參考依據，也讓廠商持續精進省水效能，如此一來，就能推動節約用水囉！

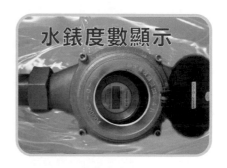

　　接下來，就來看看洗衣機、水龍頭、馬桶要通過哪些大考驗吧！

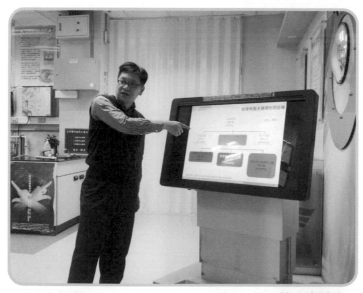

節水實驗室

洗衣機大考驗：你洗得夠乾淨嗎？

攤開實驗室的檢測項目，洗衣機不只要通過**耗水量**測試，還要通過**洗淨性、洗清性、脫水性**測試，但洗淨力要怎麼測試呢？

簡單來說，就是把標準汙染布放入廠商的待測機清洗，用表面反射率計測量洗淨前後的灰度比值，再拿來與實驗室標準機洗淨的灰度比值比較，若達到標準，這個項目就過關囉！

有趣的是，由於清洗方式不同，滾筒式洗衣機耗水量較少，直立式洗衣機洗淨力卻較強，要選擇哪一種，全看個人需求。

直立式標準洗衣機

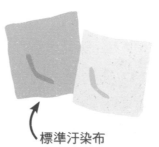

標準汙染布

 ## 水龍頭大考驗：你撐得過按壓幾次？

　　來到實驗室後方，砰砰砰的聲響不斷傳來，原來是按壓式水龍頭正在進行耐久性能測試！

　　除了水龍頭，包括馬桶水箱零件、馬桶沖水閥等，也採取按壓式開關，因此都必須藉由電腦設定標準次數，驅動機器反覆按壓測試──畢竟水龍頭至少要五十萬次、馬桶水箱進水閥和排水閥要十萬次、馬桶沖水閥要二十萬次，當然只能由機器代勞啦！

　　水龍頭的其他測驗項目，還包括止水性能、出水性能、操作性能等，就是為民眾把關產品品質喔！

水龍頭按壓測試

各式水龍頭

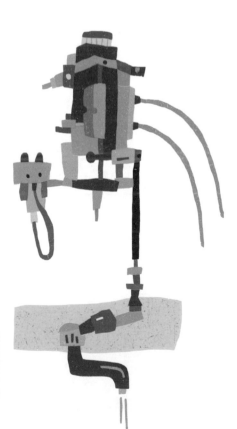

馬桶大考驗：你能把便便搬多遠？

爬上實驗室頂樓，一座座馬桶軍團正等待通過「馬桶搬送距離測試」——馬桶下方連接著一條長長的水管，接著實驗室人員把一盒一百顆小白球倒進馬桶，並且按下大號沖水開關，白球就從馬桶中被沖到水管裡，隨著水流往前來到水管的出口。

這個檢測就是要測試馬桶能不能把排泄物搬送得夠遠，而不會沖到一半就卡住；若是搬送的距離不夠遠，排泄物就無法沖進化糞池。

馬桶琳琅滿目的測試項目，絕對能讓大家大開眼界，例如漏氣測試是檢測馬桶底部的那層水封水，是否抵擋得住大於2.5公分水柱的氣壓，才能把臭味封住喔！

馬桶搬送距離測試

小小偵探團發問中

請問實驗室人員有哪些節水小妙招呢？

說到節水，有三招小撇步，包括：

1. 省水（購買有省水標章的產品）。

2. 查漏。

3. 做回收（雨水、洗米水、除溼機的水可拿來澆花和拖地等）。

其中，漏水問題不容忽視，根據統計，臺灣一年的馬桶漏水量，相當於半座石門水庫的有效蓄水量。因此，可先了解自己家的水表裝設在哪裡，並且觀察沒有用水時，水表是否還在轉動，若是的話，就代表家裡管線可能漏水。此外，水龍頭漏水較易察覺，馬桶漏水卻不易發覺，建議可在馬桶水箱滴入有色液體（例如醬油），若靜置一段時間後，馬桶裡的水也變色，就代表馬桶漏水喔！

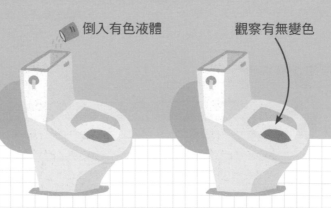

倒入有色液體　　　　　觀察有無變色

找一找，想一想

1 臺灣四面環海、降雨豐沛，平均年雨量高達2500公釐，是全球各國平均值的2.6倍，卻也在世界缺水國家（地區）高居第18位，這是為什麼呢？請上網找一找資料，分享可能的原因。

2 以2019年為例，臺灣第一大用水量是農業用水，占總用水量近71%；第二大用水量是生活用水，占總用水量約19%；第三大用水量是工業用水，占總用水量近10%。這樣的用水分配，和你原先以為的一樣嗎？說一下你的想法吧！

3 雖然生活用水只占總用水量的19%，卻是我們可以節約用水的領域，在日常生活中，你知道哪些省水妙招？快來分享一下。

4 從2018年4月開始，洗衣機、馬桶產品都必須取得省水標章，才能在臺灣市面上販售。省水標章有兩種，一種是藍色的普級省水標章，一種是金色的金級省水標章，兩種都代表產品通過檢測，但有什麼不同之處呢？快上網找一找。

普級省水標章

金級省水標章

節水標章到底代表產品能省下多少水呢？每項產品的節水規範都不一樣，像舊式馬桶沖一次水是12公升，兩段式普級標章馬桶減少到大號6公升、小號3公升，金級標章大號更只需要4.8公升，足足省了兩到三倍的用水量喔！

光是一座馬桶，一年就可省下約33公噸用水量，而1公噸的水等於2公升礦泉水500瓶，也就是可省下16500瓶礦泉水，加上水龍頭、蓮蓬頭、洗衣機等，省水量更是可觀呢！

我把氯變不見了
水科技實驗室

很多人都知道，氯氣是一種黃綠色氣體，不但具有毒性，還有刺激性氣味，像游泳池的漂白水味道，就是水中加入氯氣的味道，但為什麼自來水中會有氯呢？除氯水龍頭又要怎麼除氯？

我超愛游泳！我知道游泳池的漂白水含量比例，有一定規範！

嗯，有時候，含量的多寡才是重點唷！

自來水中的氯

　　自來水的來源是自來水廠，而從自來水廠到每個人家裡有一段距離，為了避免管線內滋生病毒和細菌，自來水在出廠前就必須加入氯──氯具有高度氧化性，可以穿透細菌細胞壁、破壞細胞膜，抑制細菌生長。

　　不過，大家也不用擔心，根據臺灣飲用水水質標準規定，自來水出廠時的氯含量必須控制在每公升0.2～1.0毫克，以避免對人體健康造成傷害。

　　可是，有些小朋友、年長者或是皮膚敏感的人，可能還是會對自來水中的餘氯感到不適，例如皮膚搔癢、眼睛刺痛或毛髮變澀等，而工研院實驗室研發的除氯水龍頭技術，就是去除水中餘氯的法寶喔！

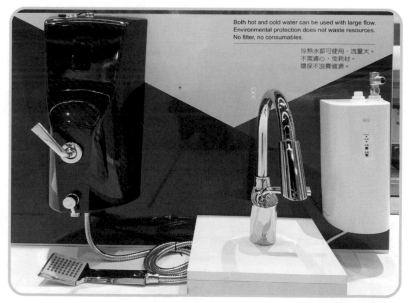

除氯無鉛水龍頭

除氯科學show

　　小小偵探團一走進實驗室，工研院研究團隊率先進行了一場精采科學show，讓大家看看除氯水龍頭技術，是否真的能夠完全除去自來水中的餘氯！

　　首先，洗手臺底下裝著一臺除氯產品，只要轉開水龍頭，自來水流經這臺除氯產品後，就能完全去除水中餘氯，而檢測方法就是在自來水裡滴入測試劑——若水中有餘氯，水就會變成黃色；若水中沒有餘氯，水則會維持透明無色。

　　緊張緊張！刺激刺激！結果終於出爐！只見同一個水龍頭流出的水，左側經過除氯產品處理的自來水，真的透明無色；而中間未經過除氯產品處理的自來水，則變成黃色，這代表工研院的除氯技術能完全去除水中餘氯喔！

裝在洗手臺底下的除氯產品

自來水流經除氯產品後，是否真能除去氯氣？

加入右方氯氣測試劑後，左方經過除氯產品處理的自來水，仍維持透明無色，代表水中不再有氯氣；中間沒有經過除氯產品處理的自來水，則變成黃色。

除氯產品內部透視

　　工研院的實驗室人員說，他們運用的除氯技術是「電化學」方式，也就是接上電源驅動後，透過一個有正極（陽極）、負極（陰極）的模組，利用氯會在陰極被還原成氯離子的特性，去除水中餘氯——氯變成氯離子後，就沒有毒性囉！

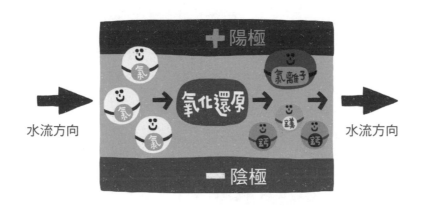

　　因此，透視除氯產品內部可發現，裡面有一片片陽極、陰極、陽極、陰極……依序排列的電極片，陽極是白金電極，陰極是碳電極，而一個模組有五對陽極和陰極電極片，恰巧可處理家中水龍頭每分鐘5～7公升的自來水水量。

　　這套模組不需要更換濾心，而且流多少水進去就會流多少水出來，因此不會產生垃圾，不會浪費水，也不會有為了除氯加入化學藥劑的殘留問題喔！

除氯產品外觀

除氯產品內部模組

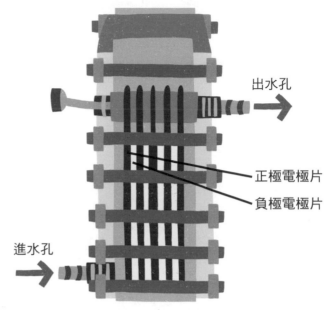

出水孔

正極電極片

負極電極片

進水孔

內部模組示意圖

除氯 + 無鉛水龍頭

　　除了除氯水龍頭之外，大家應該也經常聽到「除氯無鉛水龍頭」，也就是標榜水龍頭除氯不含鉛──原來，為了降低成本，水龍頭會採用鉛銅合金製作，加上很多老舊自來水管線是用鉛管，所以水龍頭出水時，鉛很容易滲漏到水中，而鉛是一種重金屬，在體內累積過多就會傷害健康。

　　因此，現在愈來愈多水龍頭，改成不鏽鋼或陶瓷材質，目前標準檢驗局也針對「飲水用無鉛水龍頭」推出CNS認證的「LF」低鉛標示（Lead Free），購買時應認明此標章；至於除氯模組，現今尚未推出認證機制。

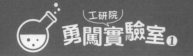
小小偵探團發問中

請問使用自來水時應該注意哪些事項呢？

雖說自來水加氯氣可除菌，但氯氣本身有毒性，也會產生副產物三鹵甲烷，因此在使用時要特別注意，像是把氯氣加入水中，就會產生最近很火紅的「次氯酸液」，這種溶液雖可殺菌，卻帶有刺激性，不可直接接觸人體。

此外，飲用自來水前要先煮沸，持續幾分鐘後把壺蓋打開，使水中物質揮發，這樣一來，就可減少水中氯氣及三鹵甲烷含量唷！

找一找，想一想

1 自來水加入氯氣的原因是什麼？

2 氯氣是具有毒性的氣體，自來水雖然加入氯氣，仍能安全的被人們使用或飲用，關鍵的因素是什麼？

3 你能想到其他同樣具有毒性，卻被人們廣泛運用的物質嗎？

4 承上題，在使用這些具有毒性的物質時，有哪些注意事項？

5 飲用自來水可採取哪些做法讓自己喝得更安心？

除了在游泳池要特別注意水中氯氣含量之外，在家中不恰當混合化學物質，也會讓自己處於暴露在氯氣的危險中，像是混合廁所清潔劑和漂白水，產生的氯氣就可能會引起鼻子、喉嚨和眼睛不舒服，甚至有致命危機，大家要特別小心。

廢水與汙水處理看招！
水科技實驗室

說到和水有關的實驗室，大家有沒有想過，有時颱風帶來大量混濁的雨水，或是生活中產生的汙水和廢水，常讓我們面臨沒有乾淨水源可使用的困境，這該怎麼辦呢？

如果水能快速變乾淨就好了……

聽說這個實驗室有各種汙水處理高手！

廢水與汙水處理 第一種流派：生物處理

事實上，不只是民眾需要乾淨的水，包括高科技半導體和面板產業在內的工業製程，更需要大量乾淨的水。

因此，從1981年開始，工研院一直研究各種廢水與汙水處理方法，把大家生活中產生的汙水與工業產生的廢水，去除各式各樣有機物、無機物、重金屬等雜質後，達到不會汙染環境的排放標準，最後才放流。

這些實驗室人員能發展出各種廢水與汙水處理法，是因為他們苦心尋找出兩大廢水與汙水處理流派，第一種就是「生物處理」——所謂的生物處理，是利用微生物的特性，來分解各種汙染物，而且就像大自然中河川的「自淨能力」一樣，不用擔心化學藥劑殘留的問題。

現在就讓我們先來看看「微生物」們使出哪些武功高強的招式吧！

養豬場高效能廢水處理及沼氣發電技術（工研院提供）

微生物招式1

微生物招式1

把有機物吃光光▶▶上流式厭氧汙泥床

微生物分解廢水或汙水中雜質的招式，簡單來說就是「吃」！

微生物體內有很多酵素，有些可以分解有機物──所謂的有機物，大致來說就是含碳、氫、氧等元素為主的物質，這些物質會使水質太過營養，細菌大量生長。這樣的水直接排放到大自然中，就會造成水質汙染，因此必須透過微生物去除這些有機物，而上流式厭氧汙泥床主要產生作用的就是「厭氧菌」。

舉凡食品、石化、造紙、塑膠、光電產業等廢水，都會用到上流式厭氧汙泥床這項技術呢！

我們住在裡面！

汙水從下方進入後，會往上來到汙泥床，這裡有很多厭氧菌，它們的特性就是討厭氧氣。厭氧菌吃掉汙水中的有機物後，會產生沼氣（瓦斯）和水，由於水被厭氧菌吃掉有機物，自然就變乾淨了，最後往上被排出去。

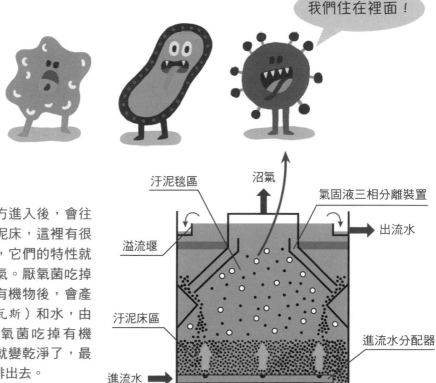

厭氧汙泥床示意圖

汙泥毯區　　沼氣　　氣固液三相分離裝置

溢流堰　　　　　　　　　　出流水

汙泥床區　　　　　　　進流水分配器

進流水

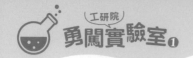

微生物招式2

給微生物一個家▶▶BioNET®新型生物處理技術

微生物有很多種，喜歡的環境和可以吃的東西都不一樣，有的討厭氧氣，有的喜歡氧氣，因此「怎麼製造某種微生物適合生長的環境」，讓它們喜歡住下來，而且愈長愈多，在更短時間內，把水中有機物吃到變得更少，就是工研院實驗室人員要不斷研究測試的關鍵。

BioNET®技術使用的微生物是好氧菌，它們喜歡氧氣，和討厭氧氣的厭氧菌不一樣；不只如此，為了讓這些好氧菌安心成家，實驗室人員還提供房子給它們住──

水中那些像海綿一樣的東西，叫做「多孔性生物擔體」，以PU材質製成，上面有很多孔洞，可以讓微生物住在裡面，就像很多小小的房子，微生物會附著在上面大量生長，也會加快分解有機物的速度喔！

BioNET®新型生物處理系統

我們的生活汙水，會有很多有機物、氨氮和硝酸氮，直接排放可能造成水中生物死亡，BioNET®技術可有效去除這些物質，目前有些汙水處理廠就採用BioNET®技術。

多孔性生物擔體

出流水

好氧菌附著生長其中

進流水　　空氣

BioNET®示意圖

BioNET®還可以這樣用！

救命之水看過來▶▶Qwater緊急淨水設備

工研院實驗室人員發現，BioNET®技術也可用在缺水時的緊急淨水設備，像是莫拉克風災時，他們就曾前進受災嚴重的臺南瑞峰國小協助處理生活用水，也在桃園羅浮國小、法鼓山等地方供應山區用水，就連緬甸、柬埔寨、印度等國家也採用此技術。

在以前，人們缺水時會收集雨水、河水等天然水體，利用細沙來過濾水中雜質；而Qwater緊急淨水設備是把大量的多孔性生物擔體上下加壓，壓得很密很密，孔洞比細沙更小，過濾雜質效果更好，重量卻更輕，更加方便運送使用。

不只如此，透過把一個個淨水設備模組化，Qwater也可以像玩積木一樣，把需要的淨水設備組裝拼上，讓水通過好幾道處理程序，而且只需要兩個人就能在二十分鐘內徒手組裝完成。長寬各約一公尺、高約兩公尺的設備，每天就可生產十五公噸的水，供應五千人的一日所需飲用水喔！

從Qwater模型可看到，雨水或河水進入後，會先經過BioNET®過濾；接著經過活性碳，這也是家中濾水器常用到的濾材；之後通過UF薄膜，這是一種線狀濾膜，像一根根白麵條，水從每根濾膜的外面流入中央，其孔徑可隔絕99%以上細菌；最後還會經過UV紫外燈殺菌，這樣的水才能供給民眾飲用喔！

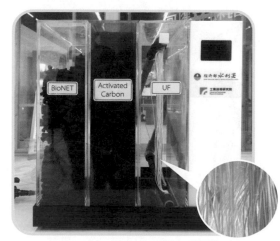

Qwater模型

小小偵探團發問中

我先前在新聞上看到，有一種雨傘可以讓雨水變成乾淨的飲用水！你們也有這樣的技術嗎？

「雨傘集水淨水器」就是工研院研發的技術喔！從Qwater開始，我們研發出更多小型淨水設備，讓長期缺少飲用水的地區或緊急狀態下（如山難）的人們，隨地就能取得救命水！

例如「雨傘集水淨水器」就是把雨傘倒過來放後，大大的傘面就可讓雨水流到傘頂的集水器，同時雨水本身的重力也會讓水通過傘頂的BioNET®和UF薄膜，達到過濾效果，傘頂流出的水即可直接飲用。

「淨水手杖」則是把杖頭往上拉，就是把水抽上來，往下壓是利用壓力強迫水過濾，其中也使用了BioNET®和UF薄膜兩種過濾方法。

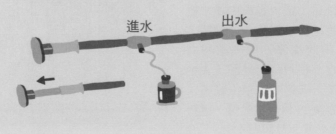

進水　　　出水

找一找，想一想

○○○○○○○○○○○○○○○○○

1 為什麼生活和工業產生的廢汙水，必須經過處理才能排入環境中？如果沒有處理的話，會發生什麼後果？你可以上網找一找資料，和大家一起分享。

2 廢汙水處理有各式各樣技術，請問工研院研究的「生物處理」技術，主要是靠哪種生物種類吃掉（分解）水中髒廢物？

3 工研院的BioNET®新型生物處理技術，就是幫微生物建造很多個「家」（像海綿一樣有很多孔洞的多孔性生物擔體），讓微生物住下來，請問這樣做的目的是什麼？對於微生物吃掉水中髒廢物有哪些幫助？

4 很多時候，廢汙水的處理不只使用單一技術，而是會視情況使用好幾個技術，讓髒汙水流經好幾道關卡，最後才能產生乾淨的水。請你找一找、想一想，文中的Qwater緊急淨水設備使用了哪幾個廢汙水處理技術呢？

5 除了雨傘和手杖淨水器之外，還有哪些多功能淨水器，可以讓人們隨身攜帶，在危難時派上用場呢？快和大家分享你的想法，你可以寫下來或畫下來。

廢汙水中的寶藏
水科技實驗室

看完廢汙水處理的第一種流派，是利用微生物把水中髒汙物質吃光光的「生物處理」，接下來讓我們看看第二種流派是什麼，又要怎麼找出廢汙水中的寶藏吧！

什麼？廢汙水中也有寶藏？

我最喜歡尋寶了！

99

廢水與汙水處理 第二種流派：物理化學處理

廢汙水處理第二種流派，就是利用物理過濾特性或加入化學藥劑的「物理化學處理」。神奇的是，這種方式不只能把廢汙水變乾淨，還能把水中的有價物質（如重金屬）提煉出來，進行回收再利用。

隨著科技進步、環保意識抬頭，人們對於廢汙水處理的要求也變高了，不只達到排放標準，使得排放的水不會汙染環境，現在還能把處理後的水回收使用喔！

物理招式1 濾膜的網子▶▶RO逆滲透

廢汙水的物理處理方式，最常見的就是「薄膜過濾」，而且很多人的家裡也有相關產品，那就是RO逆滲透，其他還有NF奈濾膜、UF超濾膜等，都是運用相同的原理。

簡單來說，濾膜就是孔洞很小、很小的網子，會依照孔洞的大小，擋下水中比孔洞大的雜質，這樣一來，雜質和水就能被分開，得到乾淨的水囉！

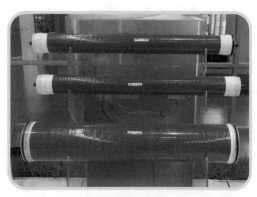

奈濾膜

以家中飲用水常用的RO逆滲透為例，RO薄膜是一種多孔洞的緻密性滲透膜，孔洞大小只容許水分子通過，而且水分子僅能從一方流入，無法回流，因此比水分子大的雜質，如重金屬、酚類、螢光劑、細菌等，都無法通過。

根據水分子的滲透特性，一般會從濃度低（雜質少）的一邊，往濃度高（雜質多）的一邊移動，這就是「正」滲透；但若在濃度高的一邊施加壓力，就可使水分子從濃度高（雜質多的廢汙水）的一邊，往濃度低（雜質少的乾淨水）的一邊移動，這就是所謂的「逆」滲透囉！

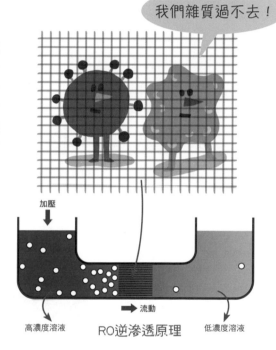

我們雜質過不去！

加壓

流動

高濃度溶液　　　RO逆滲透原理　　　低濃度溶液

物理招式2 把水中離子吸過來▶▶EDR倒極式電透析

如果把RO逆滲透想成是用網子把雜質網住，使得水變乾淨；EDR倒極式電透析就正好相反，其網子只容許帶電雜質通過，往兩個電極移動，而留在兩張網子中間的水，因為很多雜質都跑掉，就變得比較乾淨了。

從名字大致能猜到，EDR倒極式電透析是運用「電」來驅動水中

帶電雜質（離子）跑來跑去，並且利用離子交換膜限制帶電雜質跑的範圍——首先，一套模組中，會有兩個電極，一個帶正電，一個帶負電，兩個電極中間還有一片片陰離子交換膜、陽離子交換膜及隔板交替排列。

EDR套裝模組設備

而水中離子帶有正電荷或負電荷，只要通電驅動，帶正電的陽離子就會通過陽離子交換膜往負極方向跑，帶負電的陰離子則會通過陰離子交換膜往正極方向跑，最後兩張離子交換膜的中間就可以得到乾淨的水囉！

陰陽離子交換膜

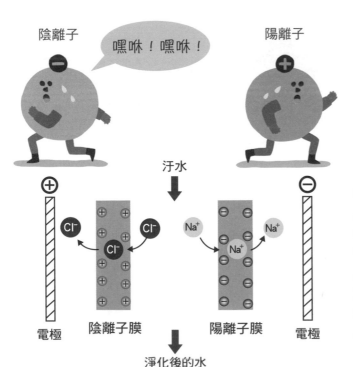

陰離子　嘿咻！嘿咻！　陽離子

汙水

電極　　陰離子膜　　陽離子膜　　電極

淨化後的水

EDR倒極式電透析可用來處理很髒的工業廢水，包括去除氯、鈉、鈣、鎂、硫酸根、硝酸根等離子，以及脫鹽處理，這些是微生物較難處理的物質——因為它們都不是微生物可以消化的食物。

化學招式 **廢汙水寶藏現形▶▶FBC流體化床結晶**

　　說到工業廢水中的寶藏，就是水裡面有很多金屬物質，大家可以選擇移除，也可以想辦法蒐集起來，並且提升純度，這樣就可以回收再利用，產生更多經濟價值喔！

　　以臺灣半導體產業為例，會產生很多含「氟」的廢水——雖然一般都是將氟離子濃度降低後排放，但是氟有很高的回收價值，因此工研院實驗室人員研發出FBC流體化床結晶處理方式。

　　FBC流體化床結晶最大的特點，是結晶槽中有很多像小房子一樣的「擔體」，這些擔體像細沙一樣，可以讓物質在表面結晶，就像是強迫它們定居在裡面。當含有氟的工業廢水進入模組，只要加入氯化鈣藥劑，就可以讓氟在擔體上產生氟化鈣結晶，水就變乾淨了；等到累積足夠晶體，具有經濟價值，就可以脫水後重新利用，可說是一舉兩得。

FBC流體化床結晶系統

回收水中離子物質的方法很多，以化學方式來說，可以電解回收，也可以加入化學藥劑，使得水中離子物質產生沉澱或結晶，FBC流體化床結晶就是加入藥劑，處理含氟、含砷、含重金屬等工業廢水。

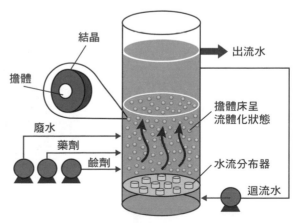

FBC流體化床結晶示意圖

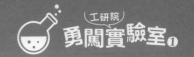
小小偵探團發問中

我家的飲用水是運用「活性碳過濾」的方式，擋下水中雜質，讓飲用水更乾淨。想請問活性碳到底是什麼呢？

「活性碳」是濾材的一種，其材料大部分取自木材、鋸屑、椰子殼、果殼、棕櫚等，經過300℃～500℃高溫碳化後，再透過800℃～900℃的水蒸氣，製成一顆顆表面凹凸不平的小顆粒。

這些顆粒上面有很多細小的孔洞，擁有很大的表面積，這樣一來，廢汙水的雜質在通過活性碳時，就像遇到障礙賽一樣，一個個被細小的孔洞卡住，濾過的水自然就變得乾淨多囉！

找一找，想一想

1 「薄膜過濾」是一種常用的廢汙水處理方式，也就是拿一張有孔洞的網子，水會穿過孔洞流下去，直徑比孔洞大的髒汙物質則被擋住，水自然就會變得比較乾淨。在日常生活中，你曾使用過濾法嗎？和大家分享你的經驗吧！

2 FBC流體化床結晶是提供很多像小房子一樣的「擔體」，讓物質在表面結晶，就像是強迫它們定居在裡面，水自然就變得乾淨；等到累積足夠晶體，具有經濟價值，就可以脫水後重新利用。你曾想過髒汙水中的物質可以蒐集後再利用嗎？請說說你對這種髒汙水處理方式的想法。

3 除了文中提到的內容，你還知道那些髒汙水處理方式呢？你可以想一想，或者上網找一找。

4 你們家的飲用水也有經過再處理嗎？如果有的話，請向大家介紹一下你們家的飲用水使用哪種處理方法？又是怎麼讓水變得更乾淨？

5 每種髒汙水處理方法都有其優點和缺點，請想一想或者討論一下，文中提到的物理招式和化學招式，可能各有哪些缺點？

新冠病毒大檢測
核酸分子實驗室

世界各國新冠肺炎疫情延燒，這種新型傳染疾病令人格外謹慎的原因在於，它的病毒傳染力很強，使得許多國家的醫護系統不堪負荷而癱瘓，死亡病例迅速增加。在這種情況下，工研院實驗室能幫上什麼忙呢？

實驗室能讓生活便利、產能提高！

也能保護人們生命健康安全！

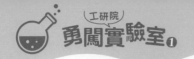

實驗室大揭密

在新冠肺炎病毒傳染力極強的情況下，能夠找出快速、準確檢測病毒的方法，就變得非常重要——工研院的「核酸分子檢測系統」可以在還沒發病的潛伏期，就檢測出受測者體內是否有引起新冠肺炎的新型冠狀病毒（簡稱新冠病毒），阻止疫情繼續擴散喔！

工研院的新冠病毒檢測系統叫做「疫開罐」，只有一個汽水罐的大小，就能在一小時檢測出是否有新冠病毒，而且準確率高達九成，這是怎麼辦到的呢？

篩檢新冠病毒的「核酸分子檢測系統」。

新型冠狀病毒 敵情偵察

【敵情1】外套上有皇冠形狀的鑰匙

病毒有很多種類和形狀，冠狀病毒就是一個大家族，而且並不罕見，有些普通感冒就是感染冠狀病毒所引起，但其中有一些特別嚴重，包括SARS、MERS和新冠肺炎。

這種病毒就像穿著一件脂質外套膜，這件外套膜上面有很多棘蛋白，而這些棘蛋白長得像皇冠一樣，因此被稱為「冠狀病毒」。

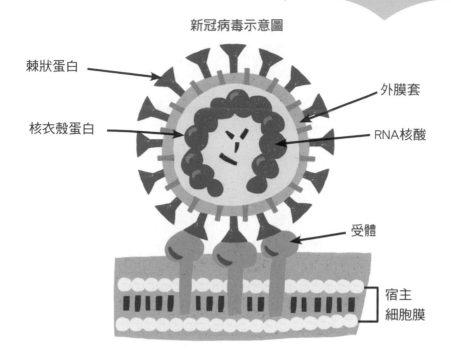

新冠病毒示意圖

棘狀蛋白

核衣殼蛋白

外膜套

RNA核酸

受體

宿主
細胞膜

　　冠狀病毒進入人體後，這些皇冠就像是鑰匙，可打開人體細胞表面的受體，使得病毒大量複製，開始攻擊細胞，對健康產生威脅。

【敵情2】病毒＝蛋白質外鞘＋核酸

　　冠狀病毒是由蛋白質外鞘與核酸組成，而核酸又分為DNA和RNA兩種，冠狀病毒就屬於RNA病毒。

　　DNA和RNA上面都有很多鹼基，提供病毒的組成資訊，因此可用來辨識是哪種病毒，被稱為「核酸序列」；若能掌握新型冠狀病毒某一段具有辨識性的核酸序列，就能協助研究人員鎖定目標後，檢測檢體內是否有新冠病毒的存在。

DNA和RNA上面有很多鹼基，可用來辨識是不是新冠病毒！

檢測病毒的方法 RT-PCR

　　幸運的是，科學家發現，新冠病毒和SARS病毒的核酸序列很相似，如此一來，我們就掌握了可以辨識出新冠病毒的特徵，也就是說，只要偵測到這段核酸序列，就代表檢體內有新冠病毒。

　　此外，人們早就掌握偵測DNA核酸序列的技術——簡單來說，這種DNA核酸檢測方式叫做PCR，可以把很少量的DNA核酸複製擴增，直到儀器可以檢測出來的數量，就可以判斷檢體是陽性（有目標病毒）或陰性（沒有目標病毒）。

　　不只如此，科學家更進一步，設計出黏接著螢光物質的「探針」，只要被當成目標的新冠病毒核酸變多到一定數量，就會釋放螢光訊號，即時被機器偵測到，這種方法被稱為RT-PCR。

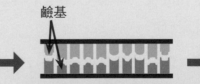

　　前面說到，新冠病毒是RNA病毒，這時可把RNA病毒進行「反轉錄」變成互補DNA，就能使用RT-PCR方式檢測新冠病毒的DNA序列囉！

PCR核酸檢測

鹼基

DNA結構

如大家所知，DNA是雙股螺旋結構，可利用高溫把DNA雙股螺旋分開。

DNA上有四種鹼基，兩兩可以互補結合，這時科學家只要製造出能和這些鹼基互補的人工「引子」，就可以和單股上的鹼基黏合。

一小時快速檢測 疫開罐

　　現在各國大多採用RT-PCR檢測新冠肺炎病毒，因為準確度最高，可是只能在大型中央實驗室進行檢測，而且檢測時間需要四到八小時，加上運送檢體時間，最快也要一天才能知道結果。

　　工研院的「疫開罐」同樣是採取RT-PCR核酸檢測系統，但其中的關鍵技術是透過「試劑」和「快速熱對流」，讓檢體在94℃～57℃之間迅速流動，快速複製擴增核酸數量，把原本的四小時檢測時間，縮短為一小時。

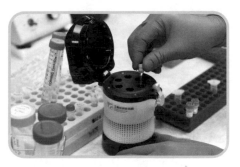

　　此外，比起傳統大型機臺重達三十多公斤，「疫開罐」只有六百公克、一個汽水罐大小，可以帶到各個檢測現場，待檢測人員就地蒐集樣本後，一小時內便可知道結果，而且準確率高達九成喔！

工研院發表新冠病毒篩檢用的「核酸分子檢測系統」，簡稱「疫開罐」，可在感染初期的0至7天病毒濃度尚低時篩檢與確認。

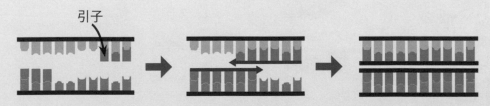

引子

引子黏合　　　　　　引子延長　　　　　　原本一對DNA雙股螺旋，各自和引子黏合後，就變成兩對DNA雙股螺旋；兩對DNA雙股螺旋可變成四對……如此倍數成長，DNA核酸數量就可以放大為原來的好幾倍！

小小偵探團發問中

小小一瓶「疫開罐」就能快速檢驗檢體內有沒有新冠病毒，真是超神奇的！請問檢驗人員到底是怎麼使用「疫開罐」來檢測呢？

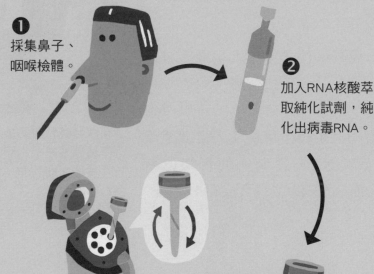

❶ 採集鼻子、咽喉檢體。

❷ 加入RNA核酸萃取純化試劑，純化出病毒RNA。

❸ 在純化樣本內加入新冠病毒分子檢測試劑。

❹ 放入「疫開罐」核酸檢測儀器中，透過反覆升溫、降溫，上下形成對流，大量複製病毒核酸數量，直到可被儀器檢測到檢體是「陽性」或「陰性」。

找一找，想一想

1 新冠肺炎對你的生活帶來什麼改變？請分享一下吧！

2 新冠肺炎對其他人的生活帶來什麼影響？快說說你的觀察。

3 所謂「知己知彼，百戰百勝」，請說出或畫下你所認識的新型冠狀病毒。

4 工研院實驗室研發的「疫開罐」檢測儀器，解決了什麼樣的問題？

5 除了病毒檢測儀器之外，各國實驗室因應疫情，還努力研發出哪些技術或產品？請找一找新聞報導，和大家分享。

6 新冠肺炎的疫情帶給你怎樣的感受或想法？你有什麼話想對哪些人說？快寫下來吧！

看穿你的「面子」問題
手持式膚質掃描儀

每逢周年慶，很多人的爸爸媽媽都會買一堆保養品——但這些保養品到底有沒有效呢？工研院的實驗室有新法寶喔！

實驗室連這個也有關注，太貼近我們的生活了吧？

超酷！

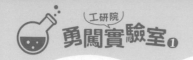
實驗室大揭密

你了解你的皮膚嗎？你的皮膚未來可能出現哪些問題？市面上的保養品又有哪些能改善你的皮膚狀況？

「如果有一臺儀器可以看到皮下組織，就能知道皮膚目前狀態、可能出現的問題，並選擇適合的保養品，該有多好啊！」工研院的實驗室人員聽到大家的心聲了，因此召集研究團隊研發出「手持式膚質光學斷層掃描儀技術」。

雖仍處於測試階段，但這項技術最大的特點是，市面上的膚質檢測儀器多為放大鏡加上照相機，只能看到皮膚表面現象，也就是「結果」；這臺手持式膚質掃描儀卻可看到皮下兩公釐的皮膚組織，也就是從皮膚裡面了解問題的「原因」和「結果」，判斷大家的肌齡是幾歲、未來可能產生哪些問題、需要什麼樣的保養品喔！

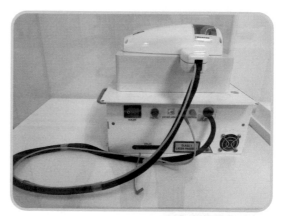

手持式膚質掃描儀

皮下偵察機 出動！

手持式膚質光學斷層掃描儀是利用近紅外線，看到皮下兩公釐的皮膚組織狀況——原來，我們的皮膚可不是只有薄薄一層，而是分為表皮層、真皮層與皮下組織，光是表皮層又細分五層結構喔！

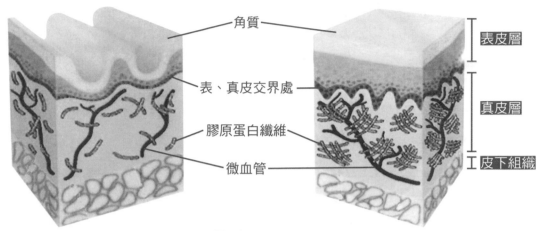

老年肌膚　　　**年輕肌膚**

角質

表皮層

表、真皮交界處

真皮層

膠原蛋白纖維

微血管

皮下組織

表皮層

可細分為五層，最下面一層結構中有纖維母細胞，其功能是一直往上長；當皮膚細胞往上堆疊，最終死亡，就是角質。

角質

表皮的最外層，這層細胞是死的，但像防護罩一樣，保護我們的皮膚，平常我們說的「去角質」，就是清除這層死掉的皮膚細胞。

真皮層

位在表皮層之下，膠原蛋白和微血管都在這一層。

我是膠原蛋白！

膠原蛋白

膠原蛋白纖維就像水泥鋼筋，皮膚這棟房子的鋼筋愈多愈堅固，就愈支撐得住，因此年輕的皮膚較厚、較有彈性；老化時，膠原蛋白纖維流失速度大於產生速度，皮膚也就變得較薄、較沒有彈性。

微血管

微血管就像搬運工人，會把蓋房子的材料送到皮膚裡；但變老時，末梢血管會萎縮，微血管無法連接到上方皮膚，材料沒有通道，送不進去，就無法製造膠原蛋白等，皮膚自然就會老化。

我是微血管！

 ## 穿透皮膚的祕密 OCT技術

為什麼這臺手持式膚質光學掃描儀能穿透皮膚，看到皮下組織的祕密呢？

這個應用源自於「OCT」（光學同調斷層掃描技術），就是運用光學對皮膚進行斷層掃描，並且用近紅外線拍照，由於紅外線波長較長，因此可穿透生物組織（如皮膚）進行掃描——近紅外線又被稱為 bio window，也就是「生物之窗」，透過把紅外線打進深一點的組織後反彈回來，可建構起體內組織影像，就像透過這扇窗戶，看到生物體這個家中發生什麼事喔！

大家都知道，雷射光是單一色光，所以雷射筆照射出去都是單一色點；但OCT是很多顏色（也就是波長）的光，所以照射出去會像彩虹一樣，出現很多色光，這就是這臺儀器能製作出受測者皮膚3D影像的原因——不同波長的光，可照到皮膚下的不同深度，波長短的光（紫外光）跑得比較淺，波長長的光（紅外光）跑得比較深，最後結合在一起，就能建構起3D立體影像！

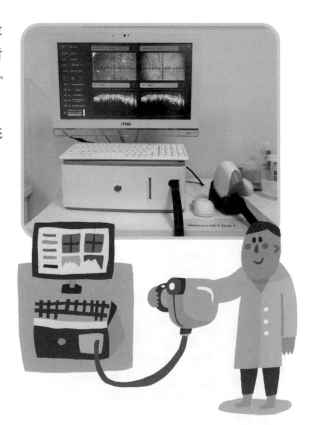

皮膚檢測大考驗start！

了解科學原理後，就來接受皮膚檢測大考驗吧！

首先，把檢測部位（顴骨）上，約10元硬幣大小區塊的彩妝和保養品卸乾淨，才不會影響檢測儀器的光學穿透性。

接著，在儀器的玻璃探頭塗上超音波凝膠，做為讓光穿透進去的介質後，把探頭輕壓在顴骨上，儀器就開始探測皮膚狀況。

簡單來說，檢測結果可了解受測者皮膚的透亮、老化程度，也可看到膠原蛋白和微血管分布、毛孔大小，以及是否有斑尚未浮現等。

上方暗藍色部分是表皮層，下方則是真皮層，若是表皮層較厚，代表受測者可能必須經常接觸熱源，像是在廚房工作的廚師，或是經常從事戶外活動，使得皮膚細胞堆積較多，以阻擋熱傳進去對皮膚造成傷害。

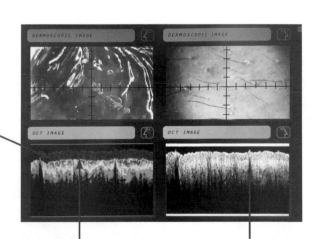

表皮層和真皮層交界處有一條細線（螢光藍部分），有的人起伏平緩，有的人起伏較大，研究發現這可能與老化程度有關係，年輕的皮膚通常起伏會較大；至於下方紅色部分代表膠原蛋白充足，藍綠色則代表數量較少，這都可用來判斷皮膚的肌齡。

三角錐狀的黑色通道，可看出毛細孔大小；而下方一個個小黑洞，則是微血管分布，愈密集代表皮膚能得到愈多營養喔！

小小偵探團發問中

我剛才聽到研究人員說，OCT技術還可以用在其他醫學檢查？

沒錯，OCT技術最早是醫師運用在眼科檢查，我們研究團隊認為其也適合檢查皮下組織狀況，做了很多調整，開發出這臺手持式皮膚掃描儀，希望未來能推廣到皮膚科診所、保養品製造商、SPA中心等，讓有需要的人使用。不只如此，工研院研究團隊也運用相同技術，開發了腸道檢查儀喔！

腸道檢查儀

找一找，想一想

1 請觀察周遭大人會使用哪些皮膚保養方法？和大家分享一下吧！

2 如果要知道某種皮膚保養方法是否有效，你覺得可以怎麼進行呢？請以「撫平皺紋」為例，試著說明進行某種皮膚保養方法之前和之後，可以做哪些事情。

3 皮膚看起來薄薄的，其實有超多層結構，請說說看皮膚有哪些重要結構吧！

4 皮膚可防止體內水分流失、調節體溫，更可防止細菌等有害物質入侵體內，是身體重要的防護罩。常見的嚴重皮膚損傷包括燒燙傷，因此一定要小心熱源，請找一找燒燙傷時應該如何正確處理。

5 紅外線可穿透生物組織進行掃描，了解體內狀況，生活中還有哪些人體檢查的光學儀器？快上網找一找資料，和大家分享。

實驗室人員生活大揭密

　　參觀完這麼多實驗室，你是不是對於實驗室人員的生活感到好奇呢？他們求學時就對物理、化學等自然科學有興趣嗎？有哪些念書小撇步？為什麼踏入實驗室工作？又做過哪些印象深刻的實驗室研究？

　　跟著小小實驗室偵探團一起來聽聽工研院綠色化學與環境實驗室的高明哲經理現身說法吧！

高明哲

職位：工研院綠色化學與環境實驗室經理
大學/研究所：化學工程
實驗室經歷：約三十年

請問您在大學時期就讀什麼科系呢？

　　我大學是念化學工程學系，研究所也是相關系所。化學系和化工系都會修習基本化學、分析化學等科目，但化學系比較偏重實驗室研究，化工系還牽涉到工廠製程的放大、控制、管理，多了一些工程設計的背景。

　　舉例來說，在實驗室裡，一種化學藥劑加入另一種藥劑，產生反應的過程和結果，是化學系的研究領域，可是化工系會著重在怎麼放

學習化學與化工知識，對於您的生活有什麼影響呢？

我們的生活中，很多東西都跟化工有關，例如石油、塑膠、食品、藥妝品、油漆、紡織染整等。其中大家印象最深刻的，應該是之前的食安風暴，當時很多人發現，原來很多食品材料來自化工材料行，包括在食品中添加的「起雲劑」，其實分子結構跟「塑化劑」差不多，差別只在於精煉程度不同，造成「起雲劑」是合法食品添加物，但「塑化劑」僅限使用於工業，卻是很好的樹脂聚合添加劑。

我們學化學的人，對於周遭物質比較有警戒心，因為生活中有很多化學危害因子很難被察覺，例如大家看完「綠色化學與環境實驗室」的介紹後，都知道家中木材裝潢中可能會有甲醛，必須留心是否過量的問題，但大家可能不知道，木材變成木屑後要製作使用，必須加入一些膠，這些膠是被稱為「酚醛樹脂」的物質。

醛類樹脂黏著性不錯，像是燒香拜拜使用的香炷，也是在棍子先裹上一層膠，再黏滿中藥材香粉，因此燒香的同時，也會產生甲醛，大家最好戴上活性碳口罩，讓口罩吸附擋下這些化學物質。

其實，無論香味或臭味，都是化學分子，對於生活周遭的任何物質，不管是香、是臭，或者沒有氣味，大家都要多存有一份警覺，隨時小心留意。

大這個化學反應結果，進行大量、穩定的生產，而且必須安全──因為在實驗室裡做的實驗規模比較小，可能只有五十公升，但到了工廠，必須大量製作，才能變成商品販賣，所以各種化學藥劑數量，都會被放大上百倍，甚至是上千倍，伴隨而生的，化學反應也會被放大很多倍，很容易造成危險。

因此，化工系不只要專精化學知識，還會修習機械、電力、製程設計、產品製作與銷售課程喔！

化學工程人員過著什麼樣的實驗室生活呢？

老實說，化學工程實驗室的生活……滿枯燥乏味的（笑）。簡單來說，為了解決某個製程開發的問題，你必須不斷思考和尋找可能發生問題的原因，並且找出可能的解決方法，經過很多次錯誤的嘗試，最後才能達到你想要的結果。這個過程就像爬山一樣，在抵達山頂之前，會有一段很辛苦的過程，但當你堅持下去，找出解決方法，會很有成就感，然後驅使你繼續挑戰下一個研究。

此外，化學工程實驗室人員不是只解決化學反應的問題，一部化學機臺要能製造產品，除了最核心的化學反應之外，還包括機械、電力、材料、資訊、控制等元素，因此每個案子不是單打獨鬥，而是三到五人團隊，就像一個小型的綜合研究所，每個人各有專精領域，必須透過整合協調，才能分工合作達成任務。

您是從什麼時候開始對化學有興趣呢？

我從國、高中開始，就對化學有興趣。我覺得國中這個階段很重要，國小是從生活中學習，國中是從學科中學習，如果碰到很會教的老師，學生的興趣可能就會被激發出來，並且一直往下鑽研。

現在國中和高中都會實施性向測驗，我認為這是很棒、很重要的活動，你要先了解自己的特質，才會知道適合往哪個方向前進，父母師長也應該協助小朋友發現、發展他們的興趣與能力。

我覺得，小學時可多接觸各領域活動和課外讀物，探索自己對什麼有興趣；到了國中，心智與智力發展逐漸成熟，可透過性向測驗進一步了解，自己是喜歡文學藝術還是科學數理，是適合就讀職業學校還是普通高中；到了高中，再一次的性向測驗，結合國中的性向測驗結果，可以幫助大家更認識自己，選擇大專院校科系或工作職業。

不同類型的實驗室人員，是否有不一樣的實驗室生活呢？

　　不同類型的實驗室生活，確實很不一樣，以我自己為例，我很喜歡出去看看新的事物，開發新的產品，「喜歡接觸不同事物」就是我獨特的人格特質。但是也有實驗室只專注在做一件事，像是工研院量測中心的國家度量衡標準實驗室，就非常專注在實驗室量測；以砝碼秤重實驗室人員為例，可能都在鑽研砝碼秤重量測技巧與知識，甚至專門負責某套量測系統，累積一生功力，成為這個領域的專家，「一生只專注做一件事」也是這個人獨特的人格特質。

　　因此，不同個性的人，適合不同類型的實驗室，只要放對位置，每個人都能發揮自己的能力！

**國中要背化學週期表和化學反應式很痛苦，
可以分享一下念化學的方法嗎？**

　　不可否認的，一開始接觸化學，有些現象不一定能完全理解，但是大家可以先把某些還無法理解的化學現象和公式記下來；當你到了不同階段，學到的東西更多，對於這些先背起來的東西，會有更多理解與發現。

　　以吸熱、放熱反應為例，你可以在國中時，透過實驗驗證哪些物質加入哪些物質會吸熱，哪些會放熱；到了高中，等你學到更多化學式之後，可以回過頭來思考，為什麼某些化學實驗會吸熱，某些化學實驗會放熱，是根據哪些原理；到了大學，可以更進一步思考，是否可能控制這些吸熱、放熱反應，又該怎麼控制。

　　這就是一步步深入學習，如果你只是死背，沒有繼續往下學習，你可能只會覺得很痛苦，而不理解背後的原理，以及其中的奇妙之處。這就是我快樂學習化學的方法，跟大家分享。

國家圖書館出版品預行編目資料

勇闖工研院實驗室1/劉詩媛文；Tai Pera、Salt&Finger 圖.
　-- 初版. -- 臺北市：幼獅文化事業股份有限公司, 2022.02
　　面； 公分. -- （科普館;12）
　　ISBN ISBN 978-986-449-257-2(平裝)

308.9　　　　　　　　　　　　　111000403

・科普館012・
勇闖工研院實驗室1

作　　者＝劉詩媛
繪　　者＝Tai Pera、Salt&Finger
照片提供＝工業技術研究院
出 版 者＝幼獅文化事業股份有限公司
發 行 人＝李鍾桂
總 經 理＝王華金
總 編 輯＝林碧琪
主　　編＝沈怡汝
特約編輯＝劉詩媛
美術編輯＝游巧鈴
總 公 司＝(10045)臺北市重慶南路1段66-1號3樓
電　　話＝(02)2311-2832
傳　　真＝(02)2311-5368
郵政劃撥＝00033368

印　　刷＝龍祥印刷股份有限公司
定　　價＝340元
港　　幣＝113元
初　　版＝2022.02
書　　號＝930067

幼獅樂讀網
http://www.youth.com.tw
幼獅購物網
http://shopping.youth.com.tw/
e-mail:customer@youth.com.tw

行政院新聞局核准登記證局版臺業字第0143號